孙蕾 蔡剑 主编

微积分

跟踪习题册

（下）

清华大学出版社
北京

内 容 简 介

本书是根据经管类本科微积分课程教学大纲的基本要求,兼顾研究生入学考试数学(三)的考试大纲而编写的习题册,分为上、下两册,下册内容包括定积分、多元微分学、二重积分、无穷级数以及微分方程与差分方程.

本书与现行微积分教学同步,紧扣教材内容,力求理论联系实际,着重培养学生分析问题和解决问题的能力. 本书可作为民办高校、独立学院经管类各专业本科生或者成教、电大相关专业的学生学习微积分课程的辅导用书,也可供从事微积分教学的教师参考.

版权所有,侵权必究. 举报:010-62782989,beiqinquan@tup.tsinghua.edu.cn。

图书在版编目(CIP)数据

微积分跟踪习题册. 下/孙蕾,蔡剑主编. —北京:清华大学出版社,2015(2025.5重印)
ISBN 978-7-302-38700-8

Ⅰ.①微… Ⅱ.①孙… ②蔡… Ⅲ.①微积分–高等学校–习题集 Ⅳ.①O172-44

中国版本图书馆 CIP 数据核字(2014)第 284053 号

责任编辑: 佟丽霞
封面设计: 常雪影
责任校对: 赵丽敏
责任印制: 杨 艳

出版发行: 清华大学出版社
    网 址: https://www.tup.com.cn,https://www.wqxuetang.com
    地 址: 北京清华大学学研大厦 A 座   **邮 编:** 100084
    社 总 机: 010-83470000   **邮 购:** 010-62786544
    投稿与读者服务: 010-62776969,c-service@tup.tsinghua.edu.cn
    质量反馈: 010-62772015,zhiliang@tup.tsinghua.edu.cn
印 装 者: 天津鑫丰华印务有限公司
经 销: 全国新华书店
开 本: 185mm×260mm   **印 张:** 8.25   **字 数:** 197 千字
版 次: 2015 年 1 月第 1 版   **印 次:** 2025 年 5 月第 13 次印刷
定 价: 25.00 元

产品编号:060591-02

前　言

　　本书是根据经管类本科微积分课程教学大纲的基本要求，兼顾研究生入学考试数学（三）的考试大纲而编写的习题册，分为上、下两册，下册内容包括定积分、多元微分学、二重积分、无穷级数以及微分方程与差分方程.

　　编者在总结多年本科数学教学经验，探索独立学院本科数学教学发展动向，分析同类教材发展趋势的基础上编写了本书. 本书适合民办高校、独立学院经管类各专业本科生使用，也可供成教、电大相关专业选用.

　　本书与现行微积分教学同步，紧扣教材内容，力求理论联系实际，着重培养学生分析问题和解决问题的能力. 本书体现了数学教学循序渐进、由浅入深的特点，习题既包含"基础部分"，侧重对知识点的涵盖，对基础知识、基本技能的考查，对重点知识的强调；又包含"提高部分"，题目新颖灵活、难度较高并且具有一定综合性，提高部分题目都标有*号. 全书每节最后配备带有启发性的思考题，旨在加强学生对基本概念、基本结论和一些解题方法的理解. 每章最后配备一套归纳、总结和深化全章内容的总习题. 书末对全书绝大部分习题给出了答案或提示，且思考题给出了具体解题过程. 最后附有四套期末试题及参考答案与评分标准，供学生期末复习参考. 加*号的题目和思考题均可作为选做题，教师可指导学生根据自身情况选作.

　　本习题册的形式为学生作业本，每道题均留有答题空间，学生可直接在上面求解，无需抄作业题，不需另备作业本，便于资料的保留，同时也便于教师批阅和收发.

　　本书由孙蕾、蔡剑编写，由孙蕾统稿.

　　由于编者水平有限，加之时间仓促，书中的疏漏之处在所难免，恳请广大使用者批评指正.

编者
2014 年 10 月

目 录

第五章 定积分 1
- 第一节 定积分的概念与性质 1
- 第二节 微积分基本公式 4
- 第三节 定积分的换元法和分部积分法 8
- 第四节 反常积分 12
- 第五节 定积分几何应用 13
- 总习题五 16

第六章 多元微分学 20
- 第一节 空间解析几何简介 20
- 第二节 多元函数的概念 21
- 第三节 二元函数的极限与连续 22
- 第四节 偏导数 23
- 第五节 全微分及其应用 26
- 第六节 多元复合函数和隐函数微分法 27
- 第七节 多元函数的极值 31
- 总习题六 32

第七章 二重积分 35
- 第一节 二重积分的概念与性质 35
- 第二节 二重积分的计算 37
- *第三节 二重积分的应用 43
- 总习题七 44

第八章 无穷级数 48
- 第一节 常数项级数的概念和性质 48
- 第二节 正项级数 50
- 第三节 交错级数 53
- 第四节 幂级数的收敛域及性质 55
- 第五节 函数的幂级数展开 58
- 总习题八 60

第九章　微分方程与差分方程 63
第一节　微分方程的概念 63
第二节　一阶微分方程 64
第三节　可降阶的二阶微分方程 71
第四节　二阶线性微分方程 73
第五节　二阶线性常系数微分方程 74
总习题九 78

附录 81
期末试题一 81
期末试题二 86
期末试题三 91
期末试题四 96

答案与提示 101

第五章 定 积 分

第一节 定积分的概念与性质

1. 选择题

(1) 函数 $f(x)$ 在区间 $[a,b]$ 上连续是它在该区间上可积的 (   ).

    (A) 必要条件   (B) 充分条件   (C) 充要条件   (D) 无关条件

(2) 设 $a = \int_0^1 e^{-x} dx$, $b = \int_1^2 e^{-x} dx$,则 (   ).

    (A) $a = b$ (B) $a > b$ (C) $a < b$ (D) 大小无法比较

(3) $\dfrac{d}{dx}\int_a^b \sin x^2 dx = ($ $)$.

    (A) $\sin x^2$ (B) $-2x\cos x^2$ (C) 0 (D) $\sin b^2 - \sin a^2$

(4) 曲线 $y = x(x-1)(2-x)$ 与 x 轴所围成的图形的面积可表示为 (   ).

    (A) $-\int_0^2 x(x-1)(2-x) dx$

    (B) $\int_0^1 x(x-1)(2-x) dx - \int_1^2 x(x-1)(2-x) dx$

    (C) $-\int_0^1 x(x-1)(2-x) dx + \int_1^2 x(x-1)(2-x) dx$

    (D) $\int_0^2 x(x-1)(2-x) dx$

*__2.__ 利用定积分定义计算 $\int_0^1 x^2 dx$.

*3. 利用定积分的几何意义，说明下列等式：

(1) $\int_{-\pi}^{\pi} \sin x \, dx = 0$;

(2) $\int_{-\frac{\pi}{2}}^{\frac{\pi}{2}} \cos x \, dx = 2\int_{0}^{\frac{\pi}{2}} \cos x \, dx$.

4. 估计下列定积分的值：

(1) $\int_{1}^{4} (x^2 - 1) \, dx$;

(2) $\int_{0}^{2} e^{x^2 - x} \, dx$.

5. 比较下列各题中的两个定积分的大小：

(1) $I_1 = \int_{0}^{1} x^2 \, dx$, $I_2 = \int_{0}^{1} x^4 \, dx$;

(2) $I_1 = \int_{0}^{1} (1+x) \, dx$, $I_2 = \int_{0}^{1} e^x \, dx$.

6. 利用定积分中值定理求极限：$\lim\limits_{n\to\infty}\int_0^a \dfrac{x^n}{1+x}dx \quad (0<a<1)$.

7. (1) 利用定积分几何意义计算 $\int_0^1 \sqrt{1-x^2}\,dx$;

(2) 设 $f(x)$ 为连续函数，且满足 $f(x)=1+\sqrt{1-x^2}\int_0^1 f(x)dx$，求 $f(x)$.

*思考题：定积分性质中指出，若 $f(x),g(x)$ 在 $[a,b]$ 上都可积，则 $f(x)+g(x)$ 或 $f(x)g(x)$ 在 $[a,b]$ 上也可积. 这一性质之逆成立吗？为什么？

第二节　微积分基本公式

1. 计算：

(1) 求 $\dfrac{d}{dx}\displaystyle\int_0^{x^3}\sqrt{1+t^2}\,dt$.

*(2) 求 $\dfrac{d}{dx}\displaystyle\int_{\sin x}^{\cos x}\cos\left(\pi t^2\right)dt$.

(3) 已知 $\displaystyle\int_x^a f(t)dt=\sin(a-x)^2$ ，求 $f(x)$.

(4) 求 $f(x)=\displaystyle\int_0^x(1-t^2)\mathrm{e}^{2t}dt$ 的单调增加区间.

(5) 设 y 是 x 的函数，满足 $\displaystyle\int_0^y\mathrm{e}^t dt+\int_0^x\cos t\,dt=0$，求 $\dfrac{dy}{dx}$.

*(6) 若函数 $f(x)$ 具有连续的导数，求 $\dfrac{d}{dx}\int_0^x (x-t)f'(t)\,dt$.

2. 求函数 $f(x)=\int_0^x t e^{-t^2}\,dt$ 的极值.

3. 求下列极限：

(1) $\lim\limits_{x\to 0}\dfrac{\int_0^x \cos t^2\,dt}{x}$；

(2) $\lim\limits_{x\to 0}\dfrac{\int_{\cos x}^1 e^{-t^2}\,dt}{x^2}$.

4. 利用定积分定义求下列极限：

(1) $\lim\limits_{n\to\infty}\left(\dfrac{1}{n+1}+\dfrac{1}{n+2}+\cdots+\dfrac{1}{n+n}\right)$；

(2) $\lim_{n\to\infty}\dfrac{1}{n}\sum_{i=1}^{n}\sqrt{1+\dfrac{i}{n}}$.

5. 求下列定积分：

(1) $\displaystyle\int_1^2\left(x^2+\dfrac{1}{x^4}\right)dx$;

(2) $\displaystyle\int_0^1\dfrac{dx}{\sqrt{4-x^2}}$;

(3) $\displaystyle\int_{-1}^0\dfrac{3x^4+3x^2+1}{x^2+1}dx$;

(4) $\displaystyle\int_0^{\frac{\pi}{4}}\tan^2 x\,dx$.

6. 设 $f(x)=\begin{cases}x, & x<1,\\ x^2, & x\geqslant 1,\end{cases}$ 求 $\displaystyle\int_0^2 f(x)dx$.

7. 设 $f(x)=\begin{cases} \dfrac{1}{2}\sin x, & 0\leqslant x\leqslant \pi, \\ 0, & x<0 \text{ 或 } x>\pi, \end{cases}$ 求 $\Phi(x)=\int_0^x f(t)\mathrm{d}t$ 在 $(-\infty,+\infty)$ 内的表达式.

*思考题：设 $f(x)$ 在 $[a,b]$ 上连续，则 $\int_a^x f(t)\mathrm{d}t$ 与 $\int_x^b f(u)\mathrm{d}u$ 是 x 的函数还是 t 与 u 的函数？它们的导数存在吗？如存在等于什么？

第三节　定积分的换元法和分部积分法

1. 计算：

(1) 已知 $f(x)$ 的一个原函数是 x^2，求 $\int_0^{\frac{\pi}{2}} f(-\sin x)\cos x\,dx$.

(2) 求 $\int_{-1}^{2} e^{|x|}dx$.

2. 计算下列定积分：

(1) $\int_{-2}^{1} \dfrac{dx}{(9+4x)^3}$;

(2) $\int_{1}^{\sqrt{3}} \dfrac{dx}{x^2\sqrt{1+x^2}}$;

(3) $\int_{0}^{\frac{\pi}{2}} \sin\varphi\cos^2\varphi\,d\varphi$;

(4) $\int_{1}^{4} \dfrac{dx}{1+\sqrt{x}}$;

(5) $\int_1^2 \dfrac{dx}{x\sqrt{1+\ln x}}$;

(6) $\int_0^\pi \sqrt{1+\cos 2x}\,dx$.

3. 利用函数奇偶性计算下列定积分：

(1) $\int_{-\frac{1}{2}}^{\frac{1}{2}} \dfrac{(\arcsin x)^2}{\sqrt{1-x^2}}dx$;

(2) $\int_{-5}^{5} \left(\dfrac{x^2 \sin x^3}{x^4+2x^2+1} + \cos x \right)dx$.

4. 计算下列定积分：

(1) $\int_0^1 x e^x\,dx$;

(2) $\int_1^4 \dfrac{\ln x}{\sqrt{x}}dx$;

(3) $\int_0^{2\pi} x\sin x\,dx$;

(4) $\int_0^1 x\arctan x\,dx$;

(5) $\int_1^{e} \sin(\ln x)\,dx$;

(6) $\int_0^{\pi^2} \sin\sqrt{x}\,dx$;

(7) $\int_{\frac{1}{e}}^{e} |\ln x|\,dx$;

*(8) $\int_0^{\pi} (x\sin x)^2\,dx$.

5. 若 $f(x)$ 具有连续的导数，且 $\int_0^\pi f(x)\sin x\,dx = k$，求 $\int_0^\pi f'(x)\cos x\,dx$.

6. 设 $f(x)$ 可导，且 $f(0)=2$，$f(2)=3$，$f'(2)=5$，求 $\int_0^1 xf''(2x)\,dx$.

*思考题：指出求 $\int_{-2}^{-\sqrt{2}} \dfrac{dx}{x\sqrt{x^2-1}}$ 的解法中的错误，并写出正确的解法.

解 令 $x=\sec t$，$t:\dfrac{2\pi}{3} \to \dfrac{3\pi}{4}$，$dx=\tan t\sec t\,dt$，于是

$$\int_{-2}^{-\sqrt{2}} \frac{dx}{x\sqrt{x^2-1}} = \int_{\frac{2\pi}{3}}^{\frac{3\pi}{4}} \frac{1}{\sec t \cdot \tan t}\sec t\cdot\tan t\,dt = \int_{\frac{2\pi}{3}}^{\frac{3\pi}{4}} dt = \frac{\pi}{12}.$$

第四节 反常积分

1. 选择题

(1) $\int_{-\infty}^{+\infty} f(x)\mathrm{d}x$ 收敛是 $\int_{a}^{+\infty} f(x)\mathrm{d}x$ 和 $\int_{-\infty}^{a} f(x)\mathrm{d}x$ 都收敛的 (　　).

　　(A) 充分条件　　　　　　(B) 必要条件

　　(C) 充要条件　　　　　　(D) 既不充分又不必要条件

(2) 若 $\int_{0}^{1} \dfrac{\mathrm{d}x}{x^{1-p}}$ 收敛，则 (　　).

　　(A) $-1 \leqslant p \leqslant 0$　　　　(B) $-1 < p < 0$

　　(C) $p \geqslant 0$　　　　　　　(D) $p > 0$

2. 计算下列广义积分：

(1) $\int_{1}^{+\infty} \dfrac{\mathrm{d}x}{x^3}$;　　　　　　(2) $\int_{0}^{+\infty} \mathrm{e}^{-4x}\mathrm{d}x$;

(3) $\int_{0}^{1} \dfrac{x}{\sqrt{1-x^2}}\mathrm{d}x$;　　　　(4) $\int_{0}^{2} \dfrac{\mathrm{d}x}{(1-x)^3}$.

*__思考题__：积分 $\int_{0}^{1} \dfrac{\ln x}{x-1}\mathrm{d}x$ 的瑕点是哪几点？

第五节 定积分几何应用

1. 求下列各曲线围成的平面图形面积：

(1) $y = \dfrac{1}{x}$ 与两直线 $y = x, x = 2$;

(2) 曲线 $y = \ln x$ 与直线 $x = 0, y = \ln a, y = \ln b\,(b > a > 0)$;

(3) $y = e^x, x = 0, y = e$;

(4) $y^2 = 2x, y = x - 4$.

2. 求抛物线 $y=-x^2+4x-3$ 与其在点 $(0,-3)$ 及 $(3,0)$ 处的切线所围平面图形的面积.

3. 由 $y=x^3, x=2, y=0$ 所围成的图形，分别绕 x 轴和 y 轴旋转，计算所得两个旋转体体积.

4. 求下列已知曲线所围成的图形，按指定的轴旋转所产生的旋转体体积:
　　(1) $y=x^2, x=y^2$，绕 y 轴；　　(2) $x^2+(y-5)^2=16$，绕 x 轴.

5. 求圆盘 $(x-2)^2 + y^2 \leqslant 1$ 绕 y 轴旋转所成的旋转体体积.

*6. 求以半径为 R 的圆为底，平行且等于底圆直径的线段为顶，高为 H 的正劈锥体体积.

*思考题：求曲线 $xy=4$，$y \geqslant 1$，$x>0$ 所围成的图形绕 y 轴旋转构成旋转体体积.

总 习 题 五

1. 选择题

(1) 若函数 $f(x)$ 连续，则 $\lim\limits_{x \to a} \dfrac{x}{x-a} \int_a^x f(t)\mathrm{d}t = ($).

    (A) 0   (B) $af(a)$ (C) $f(a) - af(a)$ (D) $f(a)$

(2) 若 $\int_0^1 [f(x) + f'(x)] e^x \mathrm{d}x = 1, f(1) = 0$，则 $f(0) = ($).

    (A) 1   (B) 0   (C) -1 (D) 2

(3) 已知函数 $f(x)$ 连续，且 $\lim\limits_{x \to 0} \dfrac{f(x)}{x} = 1$，则 $\lim\limits_{x \to 0} \dfrac{\int_0^x f(at)\mathrm{d}t}{x^2} = ($).

    (A) $\dfrac{1}{2}$ (B) $\dfrac{1}{2a}$ (C) $\dfrac{a}{2}$ (D) $2a$

(4) 对广义积分 $\int_{-\infty}^{+\infty} \sin x \mathrm{d}x$，有结论 ( ).

    (A) 因为 $\sin x$ 是奇函数，所以 $\int_{-\infty}^{+\infty} \sin x \mathrm{d}x = 0$

    (B) $\int_{-\infty}^{+\infty} \sin x \mathrm{d}x$ 发散

    (C) $\int_{-\infty}^{+\infty} \sin x \mathrm{d}x = -[\cos(+\infty) - \cos(-\infty)] = 0$

    (D) $\int_{-\infty}^{+\infty} \sin x \mathrm{d}x = \lim\limits_{b \to +\infty} \int_{-b}^{+b} \sin x \mathrm{d}x = 0$

2. 填空题

(1) $\int_0^2 \sqrt{x^2 - 2x + 1} \mathrm{d}x = $ _____.

(2) $\int_{-\pi}^{\pi} \left(\dfrac{\sin x}{1 + x^4} + \cos x \right) \mathrm{d}x = $ _____.

(3) $y = x \arctan \dfrac{1}{x} + \int_0^x \arctan t \mathrm{d}t$，当 $x = 1$ 时，$y'(x) = $ _____.

(4) $\lim\limits_{x \to 1} \dfrac{\int_1^x \sin(t-1)\mathrm{d}t}{(x-1)^2} = $ _____.

(5) 曲线 $xy = a (a > 0)$ 与直线 $x = a$，$x = 2a$，$y = 0$ 所围平面图形绕 x 轴旋转一周所成的旋转体的体积为 _____.

3. 若函数 $f(x) = \dfrac{1}{1+x^2} + \sqrt{1-x^2}\displaystyle\int_0^1 f(x)\mathrm{d}x$，求 $f(x)$.

***4.** 计算下列积分：

(1) $\displaystyle\int_0^a \dfrac{\mathrm{d}x}{x+\sqrt{a^2-x^2}}$；

(2) $\displaystyle\int_0^{\frac{\pi}{2}} \sqrt{1-\sin 2x}\,\mathrm{d}x$.

5. 设曲线 $y = ax^2 - ax$ 与直线 $y = ax$（常数 $a > 0$）所围成的平面图形的面积为 $\dfrac{8}{3}$，试确定 a 的值.

6. 设 $f(x)=\begin{cases}\dfrac{1}{1+x}, & x\geqslant 0,\\ \dfrac{1}{1+e^x}, & x<0,\end{cases}$ 求 $\int_0^2 f(x-1)\mathrm{d}x$.

***7.** 设 $f(x)$ 为连续函数，证明 $\int_0^x f(t)(x-t)\mathrm{d}t=\int_0^x\left(\int_0^t f(u)\mathrm{d}u\right)\mathrm{d}t$.

***8.** 求曲线 $x^2+y^2=a^2$ 所围成的图形绕 $x=b(b>a>0)$ 旋转所产生的旋转体体积.

9. 设 $f(x)$ 在 $[a,b]$ 上连续，且 $f(x) > 0$，$F(x) = \int_a^x f(t)\mathrm{d}t + \int_b^x \dfrac{1}{f(t)}\mathrm{d}t$，$x \in [a,b]$，证明：

(1) $F'(x) \geqslant 2$；*(2) 方程 $F(x) = 0$ 在区间 (a,b) 内有且仅有一个根.

***10.** 设抛物线 $y = ax^2 + bx + c$ 通过原点 $(0,0)$，且当 $x \in [0,1]$ 时，$y \geqslant 0$. 试确定 a,b,c 的值，使得抛物线 $y = ax^2 + bx + c$ 与直线 $x = 1, y = 0$ 所围图形的面积是 $\dfrac{4}{9}$，且使该图形绕 x 轴旋转而成的旋转体的体积最小.

第六章 多元微分学

第一节 空间解析几何简介

1. 一动点与两定点 $(2,3,1)$ 和 $(4,5,6)$ 等距离，求该动点的轨迹方程.

2. 指出下列方程在平面解析几何中和空间解析几何中分别表示什么图形：
(1) $x=2$；
(2) $y=x+1$；
(3) $x^2+y^2=4$；
(4) $x^2-y^2=1$.

3. 求过 z 轴和点 $(-3,1,-2)$ 的平面方程.

第二节　多元函数的概念

1. 已知函数 $f(u,v,w) = u^w + w^{u+v}$，求 $f(x+y, x-y, xy)$.

2. 求下列函数的定义域.

(1) $z = \ln(y^2 - 2x + 1)$；

(2) $z = \dfrac{1}{\sqrt{x+y}} + \dfrac{1}{\sqrt{x-y}}$.

第三节 二元函数的极限与连续

1. 求下列二元函数的极限.

(1) $\displaystyle\lim_{(x,y)\to(0,1)} \frac{1-xy}{x^2+y^2}$;

(2) $\displaystyle\lim_{(x,y)\to(0,0)} \frac{xy}{\sqrt{xy+1}-1}$;

(3) $\displaystyle\lim_{(x,y)\to(2,0)} \frac{\sin(xy)}{y}$;

(4) $\displaystyle\lim_{(x,y)\to(0,0)} \frac{1-\cos(x^2+y^2)}{(x^2+y^2)e^{x^2y^2}}$.

2. 函数 $z=\dfrac{y^2+2x}{y^2-2x}$ 在何处是间断的?

*思考题：若点 (x,y) 沿着无数多条平面曲线趋向于 (x_0,y_0) 时，函数 $f(x,y)$ 都趋向于 A，能否断定 $\displaystyle\lim_{(x,y)\to(x_0,y_0)} f(x,y)=A$?

第四节 偏 导 数

1. 求下列函数的一阶偏导数：

(1) $z = x^3y - y^3x$；

(2) $z = \cos(xy^2)$；

(3) $z = e^{\frac{x}{y}}$；

(4) $z = \ln(xy)$.

2. 设 $f(x,y) = x + (y-1)\arcsin\sqrt{\dfrac{x}{y}}$，求 $f_x(x,1)$.

3. 求下列函数的二阶偏导数：

(1) $z = x^4 + y^4 - 4x^2 y^2$；

(2) $z = \arctan \dfrac{y}{x}$.

4. 设 $f(x,y,z) = xy^2 + yz^2 + zx^2$，求 $f_x(0,0,1)$，$f_{xz}(1,0,2)$，$f_{yx}(0,-1,0)$.

*5. 验证 $y = e^{-kn^2 t} \sin nx$ 满足 $\dfrac{\partial y}{\partial t} = k\dfrac{\partial^2 y}{\partial x^2}$.

*思考题：若函数 $f(x,y)$ 在点 $P_0(x_0, y_0)$ 连续，能否断定 $f(x,y)$ 在点 $P_0(x_0, y_0)$ 的偏导数必定存在？

第五节　全微分及其应用

1. 求下列函数的全微分：

(1) $z = xy + \dfrac{x}{y}$；

(2) $u = x^{yz}$.

2. 求函数 $z = \ln(1 + x^2 + y^2)$ 当 $x=1, y=2$ 时的全微分 $\mathrm{d}z$.

3. 求函数 $z = \dfrac{y}{x}$ 当 $x=1, y=1$，$\Delta x = 0.1$，$\Delta y = -0.2$ 时的全增量 Δz 和全微分 $\mathrm{d}z$.

*__4__. 函数 $z = f(x,y)$ 在点 (x_0, y_0) 处可微的充分必要条件是（　　）.

(A) $f(x,y)$ 在点 (x_0, y_0) 处连续

(B) $f_x(x,y)$，$f_y(x,y)$ 在点 (x_0, y_0) 的某邻域存在

(C) $\Delta z - f_x(x,y) \cdot \Delta x - f_y(x,y) \cdot \Delta y$，当 $\sqrt{(\Delta x)^2 + (\Delta y)^2} \to 0$ 时是无穷小量

(D) $\dfrac{\Delta z - f_x(x,y) \cdot \Delta x - f_y(x,y) \cdot \Delta y}{\sqrt{(\Delta x)^2 + (\Delta y)^2}}$，当 $\sqrt{(\Delta x)^2 + (\Delta y)^2} \to 0$ 时是无穷小量

第六节 多元复合函数和隐函数微分法

1. 设 $z = u^2 + v^2$,而 $u = x+y$, $v = x-y$,求 $\dfrac{\partial z}{\partial x}$, $\dfrac{\partial z}{\partial y}$.

2. 设 $z = u^2 \ln v$,而 $u = \dfrac{x}{y}$, $v = 3x - 2y$,求 $\dfrac{\partial z}{\partial x}$, $\dfrac{\partial z}{\partial y}$.

3. 求下列函数的一阶偏导数（其中 f 具有一阶连续偏导数）：

(1) $u = f(x^2 - y^2, e^{xy})$;

(2) $u = f\left(\dfrac{x}{y}, \dfrac{y}{z}\right)$.

4. 求下列函数的 $\dfrac{\partial^2 z}{\partial x^2}$, $\dfrac{\partial^2 z}{\partial x \partial y}$, $\dfrac{\partial^2 z}{\partial y^2}$（其中 f 有二阶连续偏导数）：

(1) $z = f(xy, y)$；

(2) $z = f\left(x, \dfrac{x}{y}\right)$.

5. 设 $\sin y + e^x - xy^2 = 0$，求 $\dfrac{dy}{dx}$.

6. 设 $e^z - xyz = 1$，求 $\dfrac{\partial z}{\partial x}$.

7. 设 $\dfrac{x}{z} = \ln\dfrac{z}{y}$，求 $\dfrac{\partial z}{\partial x}$，$\dfrac{\partial z}{\partial y}$.

8. 设 $z^3 - 3xyz = a^3$，求 $\dfrac{\partial^2 z}{\partial x \partial y}$.

*思考题：

(1) 设 $z = f(u,v,x)$，而 $u = \Phi(x)$，$v = \Psi(x)$，则 $\dfrac{\mathrm{d}z}{\mathrm{d}x} = \dfrac{\partial f}{\partial u}\dfrac{\mathrm{d}u}{\mathrm{d}x} + \dfrac{\partial f}{\partial v}\dfrac{\mathrm{d}v}{\mathrm{d}x} + \dfrac{\partial f}{\partial x}$，试问 $\dfrac{\mathrm{d}z}{\mathrm{d}x}$ 与 $\dfrac{\partial f}{\partial x}$ 是否相同？为什么？

(2) 已知 $\dfrac{x}{z} = \varphi\left(\dfrac{y}{z}\right)$，其中 φ 为可微函数，求 $x\dfrac{\partial z}{\partial x} + y\dfrac{\partial z}{\partial y}$.

第七节 多元函数的极值

1. 求函数 $f(x,y) = 4(x-y) - x^2 - y^2$ 的极值.

2. 求函数 $f(x,y) = e^{2x}(x + y^2 + 2y)$ 的极值.

3. 周长为 $2p$ 的矩形绕它的一边旋转构成一个圆柱体,问矩形的边长各为多少时,才可使圆柱体的体积为最大?

*思考题:若 $f(x_0, y)$ 及 $f(x, y_0)$ 在 (x_0, y_0) 点均取得极值,则 $f(x,y)$ 在点 (x_0, y_0) 是否也取得极值?

总 习 题 六

1. 选择题

(1) 设 $f\left(xy, \dfrac{x}{y}\right) = (x+y)^2$，则 $f(x,y) = ($ $)$.

(A) $x^2\left(y + \dfrac{1}{y}\right)^2$ (B) $\dfrac{x}{y}(1+y)^2$ (C) $y^2\left(x + \dfrac{1}{x}\right)^2$ (D) $\dfrac{y}{x}(1+y)^2$

(2) $\lim\limits_{\substack{x \to 0 \\ y \to 0}} \dfrac{xy}{\sqrt{x^2+y^2}} = ($ $)$.

(A) 0 (B) 1 (C) ∞ (D) e

(3) 函数 $f(x,y)$ 在点 (x_0, y_0) 处连续,则两个偏导数 $f_x(x_0, y_0)$, $f_y(x_0, y_0)$ 存在是 $f(x,y)$ 在该点可微的 ( ).

(A) 充分条件,但不是必要条件 (B) 必要条件,但不是充分条件
(C) 充分必要条件 (D) 既不是充分条件,也不是必要条件

(4) 设 $f(x,y) = \begin{cases} (x^2+y^2)\sin\dfrac{1}{x^2+y^2}, & x^2+y^2 \neq 0 \\ 0, & x^2+y^2 = 0 \end{cases}$，则在原点 $(0,0)$ 处 $f(x,y)$ ( ).

(A) 偏导数不存在 (B) 不可微
(C) 偏导数存在且连续 (D) 可微

(5) 二元函数 $z = 3(x+y) - x^3 - y^3$ 的极值点是 ( ).

(A) $(1,2)$ (B) $(1,-2)$ (C) $(-1,2)$ (D) $(-1,-1)$

2. 求下列函数的一阶偏导数

(1) $z = \sqrt{\ln(xy)}$;

(2) $s = \dfrac{u^2+v^2}{uv}$.

3. 设函数 $z = \ln(1 + x^2 + y^2)$，求 $\dfrac{\partial z}{\partial x}$，$\dfrac{\partial z}{\partial y}$.

4. 设 $\ln\sqrt{x^2 + y^2} = \arctan\dfrac{y}{x}$，求 $\dfrac{dy}{dx}$.

*5. 设 $z = \dfrac{y}{f(x^2 - y^2)}$，其中 f 为可导函数，验证：$\dfrac{1}{x}\dfrac{\partial z}{\partial x} + \dfrac{1}{y}\dfrac{\partial z}{\partial y} = \dfrac{z}{y^2}$.

6. 设 $z = f(x-y, xy^2)$，且 f 具有二阶连续偏导数，求 $\dfrac{\partial^2 z}{\partial x^2}$.

7. 求内接于半径为 a 的球且有最大体积的长方体.

第七章 二重积分

第一节 二重积分的概念与性质

1. 填空题

(1) 当函数 $f(x,y)$ 在有界闭区域 D 上 _____ 时，$\iint\limits_{D} f(x,y)\,dxdy$ 必定存在.

(2) 二重积分 $\iint\limits_{D} f(x,y)\,d\sigma$ 的几何意义是 _____ .

(3) 设 $f(x,y)$ 在有界闭区域 D, D_1, D_2 上可积，且 $D \supset D_1 \supset D_2$，试比较大小：

当 $f(x,y) \geqslant 0$ 时，$\iint\limits_{D_1} f(x,y)\,d\sigma$ _____ $\iint\limits_{D_2} f(x,y)\,d\sigma$；

当 $f(x,y) \leqslant 0$ 时，$\iint\limits_{D_1} f(x,y)\,d\sigma$ _____ $\iint\limits_{D_2} f(x,y)\,d\sigma$.

(4) 比较大小：$\left|\iint\limits_{D} \sin(x^2+y^2)\,d\sigma\right|$ ____ σ，其中 σ 是 $D = \{(x,y) \mid x^2+y^2 \leqslant 16\}$ 的面积.

2. 比较下列二重积分的大小：

(1) $I_1 = \iint\limits_{D} (x+y)^2\,d\sigma$ 与 $I_2 = \iint\limits_{D} (x+y)^3\,d\sigma$，其中积分区域 D 是由 x 轴、y 轴与直线 $x+y=1$ 所围成的.

(2) $I_1 = \iint\limits_{D} \ln(x+y)\,d\sigma$ 与 $I_2 = \iint\limits_{D} [\ln(x+y)]^2\,d\sigma$，其中 $D: 3 \leqslant x \leqslant 5,\ 0 \leqslant y \leqslant 1$.

3. 利用二重积分的估值定理估计下列二重积分的值:

(1) 估计积分 $I = \iint\limits_{D} xy(x+y+1)\mathrm{d}\sigma$ 的值, 其中 $D = \{(x,y) \mid 0 \leqslant x \leqslant 1, 0 \leqslant y \leqslant 2\}$.

(2) 估计积分 $I = \iint\limits_{D} (x^2 + 4y^2 + 9)\mathrm{d}\sigma$ 的值, 其中 $D = \{(x,y) \mid x^2 + y^2 \leqslant 4\}$.

4. 利用二重积分几何意义求 $\iint\limits_{x^2+y^2 \leqslant 1} \sqrt{1-x^2-y^2}\,\mathrm{d}\sigma$.

*思考题: 将二重积分定义与定积分定义进行比较, 找出它们的相同之处与不同之处.

第二节　二重积分的计算

1. 填空题

(1) 设 D 是由 x 轴及半圆周 $x^2+y^2=r^2$ $(y \geqslant 0)$ 所围成的闭区域，将二重积分 $\iint\limits_D f(x,y)\mathrm{d}x\mathrm{d}y$ 化为先对 y 后对 x 的二次积分，应为 _____．

(2) 设 D 是由直线 $y=x, x=2$ 及双曲线 $y=\dfrac{1}{x}$ $(x>0)$ 所围成的闭区域，将二重积分 $\iint\limits_D f(x,y)\mathrm{d}x\mathrm{d}y$ 化为先对 x 后对 y 的二次积分，应为 _____．

(3) 更换下列二次积分的积分次序：

(i) $\int_0^1 \mathrm{d}y \int_{e^y}^{e} f(x,y)\mathrm{d}x = $ _____．

(ii) $\int_1^2 \mathrm{d}x \int_{2-x}^{\sqrt{2x-x^2}} f(x,y)\mathrm{d}y = $ _____．

(iii) $\int_0^4 \mathrm{d}y \int_{-\sqrt{4-y}}^{(y-4)/2} f(x,y)\mathrm{d}x = $ _____．

(iv) $\int_0^1 \mathrm{d}x \int_0^{x^2} f(x,y)\mathrm{d}y + \int_1^2 \mathrm{d}x \int_0^{2-x} f(x,y)\mathrm{d}y = $ _____．

2. 画出积分区域，并计算下列二重积分：

(1) $\iint\limits_D (x^2+y^2)\mathrm{d}\sigma$，其中 D 是矩形闭区域：$|x|\leqslant 1, |y|\leqslant 1$．

(2) $\iint\limits_D \dfrac{y}{x}\mathrm{d}\sigma$，其中 D 是由直线 $y=x, y=2x, x=1, x=2$ 所围成的闭区域．

(3) $\iint\limits_{D}(2x+y)\mathrm{d}\sigma$, 其中 D 是由直线 $y=x, y=2$ 及双曲线 $y=\dfrac{1}{x}$ 所围成的闭区域.

(4) $\iint\limits_{D}(x^2+y^2)\mathrm{d}\sigma$, 其中闭区域 D 是由直线 $x+y=2, y=x$ 和 x 轴所围成的.

(5) $\iint\limits_{D}x\cos(x+y)\mathrm{d}\sigma$, 其中 D 是顶点分别为 $(0,0),(\pi,0),(\pi,\pi)$ 的三角形闭区域.

(6) $\iint\limits_{D} e^{x+y} d\sigma$,其中 D 是由 $|x|+|y| \leq 1$ 所确定的区域.

3. 计算由双曲线 $xy=1$、抛物线 $y=x^2$ 及直线 $x=\dfrac{1}{2}$ 所围成的区域的面积.

4. 求由平面 $x=0, y=0, z=0, x+y=1, z=1+x+y$ 所围成的立体的体积.

5. 填空题

(1) 将下列二重积分表示为极坐标形式的二重积分：

(i) $\iint\limits_{D} f(x,y)\mathrm{d}x\mathrm{d}y = $ _____，其中 $D = \{(x,y) | x^2 + y^2 \leqslant 2x\}$.

(ii) $\iint\limits_{D} f(x,y)\mathrm{d}x\mathrm{d}y = $ _____，其中 $D = \{(x,y) | 0 \leqslant y \leqslant 1-x, 0 \leqslant x \leqslant 1\}$.

(2) 将下列二次积分化为极坐标形式的二次积分：

(i) $\int_0^2 \mathrm{d}x \int_x^{\sqrt{3}x} f\left(\sqrt{x^2+y^2}\right)\mathrm{d}y = $ _____．

(ii) $\int_0^{2a} \mathrm{d}x \int_0^{\sqrt{2ax-x^2}} (x^2+y^2)\mathrm{d}y = $ _____，其值等于 _____．

(iii) $\int_0^1 \mathrm{d}x \int_{x^2}^{x} (x^2+y^2)^{-\frac{1}{2}}\mathrm{d}y = $ _____，其值等于 _____．

(iv) $\int_0^1 \mathrm{d}x \int_0^{x^2} f(x,y)\mathrm{d}y = $ _____．

6. 利用极坐标计算下列各题：

(1) $\iint\limits_{D} \sqrt{R^2 - x^2 - y^2}\,\mathrm{d}\sigma$，其中 D 是圆域 $x^2 + y^2 \leqslant Rx \, (R > 0)$．

(2) $\iint\limits_{D} \ln(1+x^2+y^2)\mathrm{d}\sigma$，其中 D 是由圆周 $x^2+y^2=1$ 及坐标轴所围成的在第一象限内的闭区域．

(3) $\iint\limits_D \arctan\dfrac{y}{x}\,d\sigma$，其中 D 是由圆 $x^2+y^2=1$，$x^2+y^2=4$ 及直线 $y=0, y=x$ 所围成的在第一象限内的闭区域.

*(4) $\iint\limits_D |1-x^2-y^2|\,d\sigma$，其中 D 是圆域 $x^2+y^2 \leqslant 4$.

7. 计算位于两圆 $r=2\sin\theta$ 和 $r=3\sin\theta$ 之间且 $\dfrac{\pi}{4} \leqslant \theta \leqslant \dfrac{\pi}{3}$ 那部分区域的面积.

8. 计算以 xOy 面上的圆周 $x^2+y^2=ax$ 围成的闭区域为底，以曲面 $z=x^2+y^2$ 为顶的曲顶柱体的体积.

9. 求二次积分：$\int_0^2 \mathrm{d}x \int_x^2 \mathrm{e}^{-y^2} \mathrm{d}y$.

*思考题：设 $f(x)$ 在 $[0,1]$ 上连续，并设 $\int_0^1 f(x)\mathrm{d}x=A$，求 $\int_0^1 \mathrm{d}x \int_x^1 f(x)f(y)\mathrm{d}y$.

*第三节　二重积分的应用

1. 求旋转抛物面 $z = 1 - x^2 - y^2$ 上 $z \geqslant 0$ 的那一部分面积.

2. 求平面区域 $D = \left\{ (x,y) \middle| x^2 + y^2 \leqslant R^2, x \geqslant 0, y \geqslant 0 \right\}$ 的重心.

*思考题：求位于两圆 $r = a\cos\theta, r = b\cos\theta (0 < a < b)$ 之间的均匀薄片的重心.

总 习 题 七

1. 选择题

(1) $\int_0^1 dx \int_0^{1-x} f(x,y) dy = ($ $)$.

(A) $\int_0^{1-x} dy \int_0^1 f(x,y) dx$ (B) $\int_0^1 dy \int_0^{1-x} f(x,y) dx$

(C) $\int_0^1 dy \int_0^1 f(x,y) dx$ (D) $\int_0^1 dy \int_0^{1-y} f(x,y) dx$

(2) 设 $D = \{(x,y) | x^2 + y^2 \leqslant a^2\}$，当 $a = ($ $)$ 时，$\iint_D \sqrt{a^2 - x^2 - y^2} d\sigma = \pi$.

(A) 1 (B) $\sqrt[3]{\dfrac{3}{2}}$

(C) $\sqrt[3]{\dfrac{3}{4}}$ (D) $\sqrt[3]{\dfrac{1}{2}}$

(3) 当 D 是（ ）围成区域时，二重积分 $\iint_D d\sigma = 1$.

(A) x 轴，y 轴及 $x + 2y - 2 = 0$ (B) $|x| = \dfrac{1}{2}, |y| = \dfrac{1}{3}$

(C) x 轴，y 轴及 $x = 4, y = 3$ (D) $|x+y| = 1, |x-y| = 1$

(4) 设 $D = \{(x,y) | 0 \leqslant x \leqslant 1, -1 \leqslant y \leqslant 0\}$，则 $\iint_D x e^{xy} d\sigma = ($ $)$.

(A) $\dfrac{1}{e}$ (B) e (C) $-\dfrac{1}{e}$ (D) 1

(5) 设圆域 $D = \{(x,y) | x^2 + y^2 \leqslant a^2\}$，则 $\iint_D (x^2 + y^2) d\sigma = ($ $)$.

(A) $\int_0^{2\pi} d\theta \int_0^a a^2 r dr = \pi a^4$ (B) $\int_0^{2\pi} d\theta \int_0^a r^2 \cdot r dr = \dfrac{1}{2}\pi a^4$

(C) $\int_0^{2\pi} d\theta \int_0^a r^2 dr = \dfrac{2}{3}\pi a^3$ (D) $\int_0^{2\pi} d\theta \int_0^a a^2 \cdot a dr = 2\pi a^4$

*(6) 锥面 $z = \sqrt{x^2 + y^2}$ 被柱面 $z^2 = 2x$ 所割下部分的曲面面积为（ ）.

(A) 2π (B) π (C) $\sqrt{2}\pi$ (D) $2\sqrt{2}\pi$

2. 选用适当的坐标计算下列各题：

(1) $\iint\limits_{D} \sin\sqrt{x^2+y^2}\,\mathrm{d}\sigma$，其中 D 是圆环形区域 $\pi^2 \leqslant x^2+y^2 \leqslant 4\pi^2$.

(2) $\iint\limits_{D} (x^2+y^2)\,\mathrm{d}\sigma$，其中 D 是由直线 $y=x, y=x+a, y=a, y=3a\,(a>0)$ 所围成的闭区域.

*(3) $\iint\limits_{D} y\sqrt{1+x^2-y^2}\,\mathrm{d}\sigma$，其中 D 是由直线 $y=1, y=x, x=-1$ 所围成的区域.

*(4) $\iint\limits_{D}(y-x)^2\mathrm{d}\sigma$，其中 D 是由不等式 $y\leqslant R+x,\ y\geqslant 0,\ x^2+y^2\leqslant R^2\ (R>0)$ 所确定的区域.

3. 作出积分区域图形，并交换下列二次积分的次序：

(1) $\int_0^1\mathrm{d}y\int_0^{2y}f(x,y)\mathrm{d}x+\int_1^3\mathrm{d}y\int_0^{3-y}f(x,y)\mathrm{d}x$；

(2) $\int_0^1\mathrm{d}x\int_{\sqrt{x}}^{1+\sqrt{1-x^2}}f(x,y)\mathrm{d}y$.

4. 设 $f'(u)$ 连续，证明 $\int_0^a dx \int_0^x \dfrac{f'(y)}{\sqrt{(a-x)(a-y)}} dy = 2[f(a) - f(0)]$.

*5. 设 f 可微，且 $f(0) = 0$，$f'(0) = 1$，求 $\lim\limits_{t \to 0^+} \dfrac{1}{t^3} \iint\limits_{x^2+y^2 \leqslant t^2} f(\sqrt{x^2+y^2}) dxdy$.

*6. 求二重积分 $\iint\limits_D |\cos(x+y)| dxdy$，其中 D 是 $y = x, x = \dfrac{\pi}{2}, y = 0$ 所围的区域.

第八章 无穷级数

第一节 常数项级数的概念和性质

1. 写出下列级数的一般项：

(1) $1 + \dfrac{1}{3} + \dfrac{1}{5} + \dfrac{1}{7} + \cdots$;

(2) $-\dfrac{2}{1} + \dfrac{3}{2} - \dfrac{4}{3} + \dfrac{5}{4} - \dfrac{6}{5} + \cdots$;

(3) $\dfrac{\sqrt{x}}{2} + \dfrac{x}{2 \times 4} + \dfrac{x\sqrt{x}}{2 \times 4 \times 6} + \dfrac{x^2}{2 \times 4 \times 6 \times 8} + \cdots$;

(4) $\dfrac{a^2}{3} - \dfrac{a^3}{5} + \dfrac{a^4}{7} - \dfrac{a^5}{9} + \cdots$.

2. 根据级数收敛与发散的定义判别下列级数的敛散性：

(1) $\dfrac{1}{1 \times 3} + \dfrac{1}{3 \times 5} + \dfrac{1}{5 \times 7} + \cdots + \dfrac{1}{(2n-1) \times (2n+1)} + \cdots$;

(2) $\sum\limits_{n=1}^{\infty} (\sqrt[2n+1]{a} - \sqrt[2n-1]{a})$，其中 $a > 0$.

3. 判别下列级数的敛散性：

(1) $\dfrac{1}{3} + \dfrac{1}{\sqrt{3}} + \dfrac{1}{\sqrt[3]{3}} + \cdots + \dfrac{1}{\sqrt[n]{3}} + \cdots$；

(2) $\dfrac{1}{4} + \dfrac{1}{5} + \dfrac{1}{6} + \dfrac{1}{7} + \cdots$；

(3) $-\dfrac{8}{9} + \dfrac{8^2}{9^2} - \dfrac{8^3}{9^3} + \cdots$；

(4) $\left(\dfrac{1}{2} + \dfrac{1}{3}\right) + \left(\dfrac{1}{2^2} + \dfrac{1}{3^2}\right) + \left(\dfrac{1}{2^3} + \dfrac{1}{3^3}\right) + \cdots$；

(5) $\cos\dfrac{\pi}{1} + \cos\dfrac{\pi}{2} + \cdots + \cos\dfrac{\pi}{n} + \cdots$；

(6) $\dfrac{1}{3} + \dfrac{1}{2} + \dfrac{2}{5} + \dfrac{1}{2^2} + \cdots + \dfrac{n}{2n+1} + \dfrac{1}{2^n} + \cdots$.

*思考题：设 $\sum\limits_{n=1}^{\infty} b_n$，$\sum\limits_{n=1}^{\infty} c_n$ 都收敛，且 $b_n \leqslant a_n \leqslant c_n (n=1,2,\cdots)$，能否推出 $\sum\limits_{n=1}^{\infty} a_n$ 收敛？

第二节 正项级数

1. 用比较法或比较法的极限形式判别下列级数的敛散性：

(1) $1+\dfrac{1}{3}+\dfrac{1}{5}+\dfrac{1}{7}+\cdots$；

(2) $\dfrac{1}{2\times 5}+\dfrac{1}{3\times 6}+\cdots+\dfrac{1}{(n+1)\times(n+4)}+\cdots$；

(3) $\sin\dfrac{\pi}{2}+\sin\dfrac{\pi}{2^2}+\cdots+\sin\dfrac{\pi}{2^n}+\cdots$；

(4) $\displaystyle\sum_{n=1}^{\infty}\tan\dfrac{1}{n^2}$；

(5) $\displaystyle\sum_{n=1}^{\infty}\dfrac{n+1}{n^2+5n+2}$；

(6) $\displaystyle\sum_{n=1}^{\infty}\ln\left(1+\dfrac{1}{n}\right)$；

(7) $\displaystyle\sum_{n=1}^{\infty}\dfrac{1}{8^n-6^n}$；

(8) $\displaystyle\sum_{n=1}^{\infty}2^n\sin\dfrac{\pi}{3^n}$.

2. 若级数 $\sum\limits_{n=1}^{\infty} a_n^2$，$\sum\limits_{n=1}^{\infty} b_n^2$ 收敛，证明级数 $\sum\limits_{n=1}^{\infty} |a_n b_n|$，$\sum\limits_{n=1}^{\infty} \dfrac{|a_n|}{n}$ 都收敛.

3. 用比值法判别级数的敛散性：

(1) $\sum\limits_{n=1}^{\infty} \dfrac{n^2}{3^n}$；

(2) $\sum\limits_{n=1}^{\infty} \dfrac{2^n n!}{n^n}$；

(3) $\sum\limits_{n=1}^{\infty} n\tan\dfrac{\pi}{2^{n+1}}$；

(4) $\sum\limits_{n=1}^{\infty} \dfrac{(2n)!}{(n!)^2}$；

(5) $\sum\limits_{n=1}^{\infty} \dfrac{1}{n!}$；

(6) $\sum\limits_{n=1}^{\infty} \dfrac{n}{2^n}$.

4. 用适当的方法判别级数的敛散性：

(1) $\sum_{n=1}^{\infty} \dfrac{1+n}{1+n^2}$；

(2) $\sum_{n=1}^{\infty} \sin \dfrac{\pi}{6^n}$；

(3) $\sum_{n=1}^{\infty} \dfrac{n^p}{n!}$；

(4) $\sum_{n=1}^{\infty} n\left(\dfrac{3}{4}\right)^n$；

(5) $\sum_{n=1}^{\infty} \dfrac{n^2+1}{(n^2+3)(n^2+2)}$；

(6) $\sum_{n=1}^{\infty} \dfrac{n!}{4^n}$.

*思考题：设正项级数 $\sum_{n=1}^{\infty} u_n$ 收敛，能否推出 $\sum_{n=1}^{\infty} u_n^2$ 收敛？反之是否成立？

第三节 交错级数

1. 判别下列级数的敛散性.

(1) $\sum_{n=1}^{\infty}(-1)^n\sqrt{\dfrac{n}{1+3n}}$；

(2) $\sum_{n=1}^{\infty}(-1)^{n-1}\dfrac{\sqrt{n}}{n+1}$；

(3) $\sum_{n=1}^{\infty}\dfrac{(-1)^{n-1}}{\sqrt{n}}$；

(4) $\sum_{n=1}^{\infty}(-1)^{n-1}\dfrac{n}{2n+1}$.

2. 判别下列级数是否收敛. 若收敛，是绝对收敛还是条件收敛?

(1) $1-\dfrac{1}{3^2}+\dfrac{1}{5^2}-\dfrac{1}{7^2}+\cdots$；

(2) $\dfrac{1}{\ln 2}-\dfrac{1}{\ln 3}+\dfrac{1}{\ln 4}-\dfrac{1}{\ln 5}+\cdots$；

(3) $\sum_{n=1}^{\infty}(-1)^{n-1}\dfrac{n}{3^{n-1}}$;

(4) $\sum_{n=1}^{\infty}(-1)^{n+1}\dfrac{2^{n^2}}{n!}$;

(5) $\sum_{n=1}^{\infty}\dfrac{1}{n}\sin\dfrac{n\pi}{2}$;

(6) $\sum_{n=1}^{\infty}(-1)^n\ln\left(\dfrac{n+1}{n}\right)$.

***思考题**：试总结常数项级数的审敛方法.

第四节　幂级数的收敛域及性质

1. 求下列幂级数的收敛域：

(1) $\sum_{n=1}^{\infty} nx^n$;

(2) $\sum_{n=1}^{\infty} n!x^n$;

(3) $\sum_{n=1}^{\infty} \dfrac{x^n}{2 \cdot 4 \cdots (2n)}$;

(4) $\sum_{n=1}^{\infty} \dfrac{(x-5)^n}{\sqrt{n}}$;

(5) $\sum_{n=1}^{\infty}(-1)^n \dfrac{x^{2n+1}}{2n+1}$.

2. 利用逐项求导或逐项积分，求下列级数的和函数：

(1) $\sum_{n=1}^{\infty} nx^n$；

(2) $\sum_{n=1}^{\infty} \dfrac{x^{2n-1}}{2n-1}$；

(3) $\sum_{n=0}^{\infty} (-1)^n \dfrac{x^{2n+1}}{2n+1}$;

(4) $\sum_{n=1}^{\infty} n(n+1)x^n$.

*3. 求级数 $\sum_{n=1}^{\infty} \dfrac{2n-1}{2^n}$ 的和.

*思考题：幂级数逐项求导后，收敛半径不变，那么它的收敛域是否也不变？

第五节　函数的幂级数展开

1. 将下列函数展开成 x 的幂级数，并求展开式成立的区间：

(1) $\ln(2+x)$；

(2) $f(x) = \dfrac{1}{a-x}$，其中 $a \neq 0$；

*(3) $f(x) = \dfrac{x}{\sqrt{1+x^2}}$；

(4) $f(x) = \dfrac{1}{(2-x)^2}$.

2. 将函数 $f(x) = \dfrac{1}{x}$ 展开成 $x-3$ 的幂级数.

3. 将函数 $f(x) = \lg x$ 展开成 $x-1$ 的幂级数.

4. 将函数 $f(x) = \dfrac{1}{x^2+3x+2}$ 展开成 $x+4$ 的幂级数.

5. 求幂级数 $\sum\limits_{n=0}^{\infty} \dfrac{2n+1}{n!} x^{2n}$ 的收敛域及和函数.

*思考题：什么叫幂级数的间接展开法？

总 习 题 八

1. 填空题

(1) 级数 $\sum_{n=1}^{\infty} \dfrac{1}{1+a^n}$ ($a>0$)，当 a _____ 时，级数收敛；当 a _____ 时，级数发散.

*(2) 级数 $\sum_{n=1}^{\infty} \dfrac{(x-2)^{2n}}{n4^n}$ 的收敛区间是 _____.

2. 选择题

(1) 若( )成立，则级数 $\sum_{n=1}^{\infty} a_n$ 必收敛.

(A) $S_n = a_1 + a_2 + \cdots + a_n$，数列 $\{S_n\}$ 有界　　(B) $\lim\limits_{n\to\infty} a_n = 0$

(C) $a_1 + (a_2 + a_3) + (a_4 + a_5 + a_6) + \cdots$ 收敛　　(D) $S_n = a_1 + a_2 + \cdots + a_n$，$\lim\limits_{n\to\infty} S_n$ 存在

(2) 设常数 $k>0$，则级数 $\sum_{n=1}^{\infty} (-1)^n \dfrac{k+n}{n^2}$ ( ).

(A) 发散　　(B) 绝对收敛　　(C) 条件收敛　　(D) 收敛性与 k 的取值有关

(3) 若级数 $\sum_{n=1}^{\infty} a_n (x-1)^n$ 在 $x=-1$ 处收敛，则此级数在 $x=2$ 处( ).

(A) 条件收敛　　(B) 绝对收敛　　(C) 发散　　(D) 敛散性不确定

3. 判别下列级数的敛散性：

(1) $\sum_{n=1}^{\infty} \dfrac{1}{n\sqrt[n]{n}}$；

(2) $\sum_{n=1}^{\infty} \dfrac{n\cos^2 \dfrac{n\pi}{3}}{2^n}$；

(3) $\sum_{n=1}^{\infty}\left(\dfrac{n+1}{n}\right)^{n^2}$;

(4) $\sum_{n=1}^{\infty}\dfrac{(-1)^n}{n-\ln n}$.

4. 将下列函数展成 x 的幂级数：

(1) $\dfrac{1}{(2-x)^2}$;

*(2) $\dfrac{\mathrm{d}}{\mathrm{d}x}\left(\dfrac{\mathrm{e}^x-1}{x}\right)$.

5. 求下列幂级数的和函数：

(1) $\sum_{n=1}^{\infty} \dfrac{x^n}{n(n+1)}$；

(2) $\sum_{n=0}^{\infty} (-1)^n \dfrac{n+1}{(2n+1)!} x^{2n+1}$.

6. 证明：若数列 $\{na_n\}$ 的极限存在，级数 $\sum_{n=1}^{\infty} n(a_n - a_{n-1})$ 收敛，则级数 $\sum_{n=1}^{\infty} a_n$ 收敛.

第九章 微分方程与差分方程

第一节 微分方程的概念

1. 指出下列各题中的函数是否为所给微分方程的解：

(1) $y' = \dfrac{1}{(x+y)^2}$，$y = \arctan(x+y) + C$.

(2) $y'' - 2y' + y = 0$，$y = x^2 \mathrm{e}^x$.

2. 指出下列微分方程的阶：

(1) $(x^2 - y^2)\mathrm{d}x + (x^2 + y^2)\mathrm{d}y = 0$. （   ）

(2) $(y''')^3 + 5(y')^4 - y^5 + x^7 = 0$. （   ）

3. 已知曲线过点 $(-1,1)$，且曲线上任一点的切线与 Ox 轴的交点的横坐标等于切点横坐标的平方，写出此曲线所满足的微分方程.

*思考题：函数 $y = 3\mathrm{e}^{2x}$ 是微分方程 $y'' - 4y = 0$ 的什么解？

第二节 一阶微分方程

1. 求下列微分方程的通解：

(1) $xy' - y\ln y = 0$；

(2) $y' = x\sqrt{1-y^2}$；

(3) $y\ln x\,dx + x\ln y\,dy = 0$；

(4) $y' - xy' = a(y^2 + y')$；

(5) $(e^{x+y} - e^x)dx + (e^{x+y} + e^y)dy = 0$;

(6) $\cos x \sin y dx + \sin x \cos y dy = 0$;

(7) $x^2 y dx = (1 - y^2 + x^2 - x^2 y^2)dy$.

2. 求下列微分方程满足初始条件的特解：

(1) $\cos x \sin y \mathrm{d}y = \sin x \cos y \mathrm{d}x$, $y|_{x=0} = \dfrac{\pi}{4}$.

(2) $(x+1)\dfrac{\mathrm{d}y}{\mathrm{d}x} + 1 = 2\mathrm{e}^{-y}$, $y|_{x=0} = 0$.

3. 求下列齐次方程的通解：

(1) $x\dfrac{\mathrm{d}y}{\mathrm{d}x} = y\ln\dfrac{y}{x}$;

(2) $(x^2+y^2)dx - xydy = 0$；

(3) $xy' - y - \sqrt{y^2-x^2} = 0$；

*(4) $\left(1+2e^{\frac{x}{y}}\right)dx + 2e^{\frac{x}{y}}\left(1-\frac{x}{y}\right)dy = 0$.

4. 求微分方程 $(y^2-3x^2)dy + 2xydx = 0$ 满足条件 $y(0)=1$ 的特解.

5. 求下列一阶线性微分方程的通解：

(1) $\dfrac{dy}{dx} + y = e^{-x}$；

(2) $y' + 2xy = 4x$；

(3) $(x^2-1)y' + 2xy - \cos x = 0$；

(4) $xy' + y = xe^x$；

(5) $y \ln y \mathrm{d}x + (x - \ln y)\mathrm{d}y = 0$；

(6) $\dfrac{\mathrm{d}\rho}{\mathrm{d}\theta} + 3\rho = 2$.

6. 求微分方程 $\dfrac{\mathrm{d}y}{\mathrm{d}x} + \dfrac{y}{x} = \dfrac{\sin x}{x}$ 满足条件 $y(\pi) = 1$ 的特解.

7. 求微分方程 $\dfrac{\mathrm{d}y}{\mathrm{d}x} + 3y = 8$ 满足条件 $y(0) = 2$ 的特解.

8. 求微分方程 $\dfrac{\mathrm{d}y}{\mathrm{d}x} - y\tan x = \sec x$ 满足条件 $y(0) = 0$ 的特解.

9. 求微分方程 $\mathrm{e}^x \cos y \mathrm{d}x + (\mathrm{e}^x + 1)\sin y \mathrm{d}y = 0$ 满足条件 $y(0) = \dfrac{\pi}{4}$ 的特解.

***思考题**：求微分方程 $y' = \dfrac{\cos y}{\cos y \sin 2y - x \sin y}$ 的通解.

第三节　可降阶的二阶微分方程

1. 求下列各微分方程的通解：

(1) $y'' = xe^x$ ；

(2) $y'' = x + y'$ ；

(3) $y^3 y'' - 1 = 0$ ；

(4) $y'' = (y')^3 + y'$.

2. 求微分方程 $y'' - a(y')^2 = 0$, 满足初始条件 $y|_{x=0} = 0$, $y'|_{x=0} = -1$ 的特解.

***3.** 求微分方程 $y'' = e^{2y}$ 满足初始条件 $y|_{x=0} = 0$, $y'|_{x=0} = 0$ 的特解.

***思考题**：试求 $xy'' = y' + x^2$ 经过点 $(1,0)$ 且在此点的切线与直线 $y = 3x - 3$ 垂直的积分曲线.

第四节 二阶线性微分方程

1. 验证 $y = \sin kx$ 和 $y = \cos kx$ 为方程 $y'' + k^2 y = 0 (k \neq 0)$ 的特解，并写出该方程的通解．

2. 验证 $y = C_1 e^x + C_2 e^{2x} + \dfrac{1}{12} e^{5x}$ (C_1, C_2 是任意常数)是方程 $y'' - 3y' + 2y = e^{5x}$ 的通解．

*思考题：已知 $y_1 = 3$，$y_2 = 3 + x^2$，$y_3 = 3 + x^2 + e^x$ 都是微分方程 $(x^2 - 2x)y'' - (x^2 - 2)y' + (2x - 2)y = 6(x-1)$ 的解，求此方程所对应的齐次方程的通解．

第五节　二阶线性常系数微分方程

1. 求下列微分方程的通解：

(1) $y'' - 4y' = 0$；

(2) $y'' + 6y' + 13y = 0$；

(3) $4\dfrac{d^2 x}{dt^2} - 20\dfrac{dx}{dt} + 25x = 0$；

(4) $y'' + y' + y = 0$.

2. 求下列微分方程满足初始条件的特解：

(1) $y'' - 3y' - 4y = 0$, $y|_{x=0} = 0$, $y'|_{x=0} = -5$.

(2) $y'' - 4y' + 13y = 0$, $y|_{x=0} = 0$, $y'|_{x=0} = 3$.

(3) $y'' - 4y' + 3y = 0$, $y|_{x=0} = 6$, $y'|_{x=0} = 10$.

(4) $4y'' + 4y' + y = 0$, $y|_{x=0} = 2$, $y'|_{x=0} = 0$.

3. 求下列各微分方程的通解：

(1) $2y'' + y' - y = 2e^x$；

(2) $y'' + 3y' + 2y = 3xe^{-x}$；

*(3) $y'' + 4y = x\cos x$；

*(4) $y'' - y = \sin^2 x$.

*4. 设函数 $f(x)$ 连续，且满足 $f(x) = \sin x - \int_0^x (x-t)f(t)\mathrm{d}t$，求 $f(x)$.

*思考题：求微分方程 $yy'' - (y')^2 = y^2 \ln y$ 的通解.

总 习 题 九

1. 判别下列一阶微分方程的类型：

(1) $\dfrac{dy}{dx} - \dfrac{e^{y^2+3x}}{y} = 0$.　　　　　　　　　　(　　　　　)

(2) $x^2 y dx - (x^3 + y^3) dy = 0$.　　　　　　　　　(　　　　　)

(3) $(x+1)\dfrac{dy}{dx} - xy = e^x(x+1)$.　　　　　　　(　　　　　)

(4) $\dfrac{dy}{dx} - 3xy - xy^2 = 0$.　　　　　　　　　　(　　　　　)

(5) $y' = \dfrac{y}{x + y^3}$.　　　　　　　　　　　　　(　　　　　)

2. 选择题

(1) 微分方程 $y'' - y = e^x + 1$ 的一个特解应具有形式 (　　).

　　(A) $ae^x + b$　　(B) $axe^x + b$　　(C) $ae^x + bx$　　(D) $axe^x + bx$

(2) 已知函数 $y = y(x)$ 在任意点 x 处的增量 $\Delta y = \dfrac{y}{1+x^2}\Delta x + \alpha$，且当 $\Delta x \to 0$ 时，α 是 Δx 的高阶无穷小，$y(0) = \pi$，则 $y(1)$ 等于(　　).

　　(A) 2π　　(B) π　　(C) $e^{\frac{\pi}{4}}$　　(D) $\pi e^{\frac{\pi}{4}}$

3. 已知某曲线经过点 $(1,1)$，它的切线在纵轴上的截距等于切点的横坐标，求曲线方程.

4. 求方程 $(1+x^2)y'' + 2xy' = 1$ 的通解.

5. 求方程 $y'' - y = 2e^x - x^2$ 的通解.

*__6__. 设 $f(x) = 2x\int_0^1 f(tx)dt + e^{2x}$，其中 $f(x)$ 连续，求 $f(x)$.

*7. 设函数 $f(t)$ 在 $[0,+\infty)$ 上连续，且满足方程

$$f(t) = e^{4\pi t^2} + \iint\limits_{x^2+y^2 \leqslant 4t^2} f\left(\frac{1}{2}\sqrt{x^2+y^2}\right) dxdy,$$

求 $f(t)$.

8. 设函数 $f(x)$ 连续，且满足 $f(x) = e^x + \int_0^x (x-t)f(t)dt$，求 $f(x)$.

附　录

期末试题一

本题分数	24 分
得　分	

一、**基本计算题** (每小题 4 分，共 24 分)

1. 求极限 $\lim\limits_{x \to 0} \dfrac{\int_0^x \sin t \, dt}{x^2}$.

2. 求 $\int_0^4 \dfrac{x+2}{\sqrt{2x+1}} dx$.

3. 计算 $\iint\limits_D \sqrt{(x^2+y^2)} \, dxdy$，其中 D 是 $x^2+y^2 \leqslant 1$ 在第一象限内区域.

4. 计算 $z = e^{xy}$ 的全微分.

5. 求 $\dfrac{dy}{dx} = e^{x+y}$ 的通解.

6. 求函数 $f(x,y) = 2x^2 + y^2 - x - 2xy - y$ 的极值点.

本题分数	36 分
得　分	

二、计算题 (每小题 6 分，共 36 分)

1. 求积分 $\int_0^1 xe^x dx$.

2. 求幂级数 $\sum\limits_{n=1}^{\infty} nx^n$ 的收敛区间.

3. 设 $z^3 - 2xz + y = 0$，求 $\dfrac{\partial z}{\partial x}$.

4. 判定级数 $\sum\limits_{n=1}^{\infty} \dfrac{n+1}{n(n+2)}$ 的敛散性.

5. 将函数 $f(x) = \ln(2+x)$ 展成 $x-1$ 的幂级数.

6. 求方程 $xy' + y = x^2 + 3x + 2$ 的通解.

三、计算 $\int_0^2 dx \int_x^2 e^{-y^2} dy$.

四、求抛物线 $y^2 = 2x$ 与过两点 $A\left(\dfrac{1}{2}, 1\right), B\left(\dfrac{9}{2}, -3\right)$ 的直线所围图形的面积.

五、判别级数 $\sum\limits_{n=1}^{\infty} \dfrac{n^2}{3^n}$ 的敛散性.

本题分数	7分
得　分	

六、 求方程 $y'' - 6y' + 9y = e^{2x}$ 的通解.

本题分数	8分
得　分	

七、 已知 $z = f\left(x, \dfrac{x}{y}\right)$，其中 f 有二阶连续偏导数，求 $\dfrac{\partial z}{\partial x}, \dfrac{\partial^2 z}{\partial y \partial x}$.

本题分数	4分
得　分	

八、 求级数 $\sum\limits_{n=1}^{\infty} \dfrac{2n-1}{3^n}$ 的和.

期末试题二

一、**基本计算题** (每小题 4 分，共 24 分)

1. 求积分 $\displaystyle\int_1^2 \frac{1}{x\sqrt{\ln x+1}}\,dx$.

2. 求极限 $\displaystyle\lim_{x\to 0}\frac{\int_0^{x^3}\sqrt{1+t^2}\,dt}{\sin^3 x}$.

3. 设函数 $z=(x-2y)^2-8x$，求 dz.

4. 求微分方程 $\dfrac{dy}{dx}=x^2 y+y$ 的通解.

5. 判别级数 $\sum_{n=1}^{\infty} \dfrac{n+\sqrt{n}}{2n-1}$ 的敛散性.

6. 计算 $\iint\limits_{D}(x+1)y\,\mathrm{d}\sigma$，其中 D 是由 $y=1, x=2, x$ 轴及 y 轴所围成的闭区域.

本题分数	30 分
得　分	

二、计算题(每小题 5 分，共 30 分)

1. 求积分 $\int_{0}^{1} x\arctan x\,\mathrm{d}x$.

2. 计算 $\iint\limits_{D}\ln(x^2+y^2+1)y\,\mathrm{d}\sigma$，其中 D 是由 $x^2+y^2=1$ 及坐标轴所围成的平面图形在第一象限部分.

3. 更换积分次序 $\int_0^1 dx \int_0^{\sqrt{2x-x^2}} f(x,y) dy + \int_1^2 dx \int_0^{2-x} f(x,y) dy$.

4. 求抛物线 $y^2 = 2x$ 与该曲线上点 $\left(\dfrac{1}{2}, 1\right)$ 处的法线方程所围平面图形的面积.

5. 将函数 $f(x) = \dfrac{1}{x^2 + 3x + 2}$ 展成 $x + 4$ 的幂级数.

6. 设 $2\sin(x + 2y - 3z) = x + 2y - 3z$,求 $\dfrac{\partial z}{\partial x} + \dfrac{\partial z}{\partial y}$.

三、求函数 $z = 4(x-y) - x^2 - y^2$ 的极值.

四、设 $z = f(x-y, xy^2)$，且 f 具有二阶连续偏导数，求 $\dfrac{\partial z}{\partial x}, \dfrac{\partial^2 z}{\partial x \partial y}$.

五、判别级数 $\sum\limits_{n=1}^{\infty} (-1)^n \dfrac{1}{\pi^n} \sin \dfrac{\pi}{n}$ 是否收敛，若收敛是绝对收敛还是条件收敛.

六、求微分方程 $y' + \dfrac{y}{x} = x + \dfrac{1}{x}$ 在 $y|_{x=1} = 0$ 条件下的特解.

七、求微分方程 $y'' - 6y' + 9y = 5(x+1)e^{3x}$ 的通解.

八、求级数 $\sum\limits_{n=1}^{\infty} \dfrac{n(n+1)}{2^n}$ 的和.

期末试题三

一、**基本计算题** (每小题 4 分，共 24 分)

本题分数	24 分
得 分	

1. 求极限 $\lim\limits_{x\to 0}\dfrac{\int_0^{x^2}\cos t\,dt}{x\sin x}$.

2. 求 $\int_0^2 \dfrac{1}{1+\sqrt{2x}}dx$.

3. 计算 $\iint\limits_{D}\dfrac{dxdy}{1+x^2+y^2}$，其中 D 是由 $x^2+y^2\leqslant 1$ 所确定的圆域.

4. 计算 $z=\sin(x\cos y)$ 的全微分.

5. 求 $\dfrac{dy}{dx} = (1+y)\cos x$ 的通解.

6. 求函数 $f(x,y) = x^3 - y^3 + 3x^2 + 3y^2 - 9x$ 的极值点.

本题分数	36 分
得　　分	

二、计算题 (每小题 6 分，共 36 分)

1. 求积分 $\int_0^1 x\cos x\,dx$.

2. 求幂级数 $\sum\limits_{n=1}^{\infty} n!\,x^n$ 的收敛区间.

3. 设 $x+2y+z-2\sqrt{xyz}=0$，求 $\dfrac{\partial z}{\partial y}$.

4. 判定级数 $\sum\limits_{n=1}^{\infty}\cos\dfrac{\pi}{n}$ 的敛散性.

5. 将函数 $f(x)=\ln(3+x)$ 展成 x 的幂级数.

6. 求方程 $xy'-y=x^3$ 的通解.

三、计算二次积分 $\int_0^1 x^2 dx \int_x^1 \cos y^4 dy$.

四、求抛物线 $y^2 = 2x$ 与直线 $y = x - 4$ 所围图形的面积.

五、判别级数 $\sum_{n=1}^{\infty} \frac{3^n}{n \cdot 2^n}$ 的敛散性.

六、求方程 $y'' + 3y' + 2y = xe^x$ 的通解.

七、已知 $z = f(xy, y)$，其中 f 有二阶连续偏导数，求 $\dfrac{\partial z}{\partial x}, \dfrac{\partial^2 z}{\partial y \partial x}$.

八、求级数 $\sum\limits_{n=1}^{\infty} nx^{n-1}$ 的和.

期末试题四

本题分数	30 分
得 分	

一、基本计算题 (每小题 5 分,共 30 分)

1. 求 $\lim\limits_{x \to 0} \dfrac{\int_2^{x^2} e^{t^2} dt}{x \sin x}$.

2. 求 $\int_0^4 e^{\sqrt{x}} dx$.

3. 设 $z = e^{xy} + (x-2y)^2$,求 dz.

4. 计算 $\iint\limits_D \dfrac{y}{x} d\sigma$,其中 D 为 $y=x, y=2x, x=1, x=2$ 所围闭区域.

5. 求微分方程 $(x+xy^2)dx - (x^2y+y)dy = 0$ 的通解.

6. 判别级数 $\sum_{n=1}^{\infty} \dfrac{n+2}{n^2(n+1)}$ 的敛散性.

本题分数	36分
得　分	

二、计算题 (每小题 6 分，共 36 分)

1. 求 $\int_1^e x^2 \ln x \, dx$.

2. 计算二重积分 $I = \iint\limits_{D} \sqrt{(x^2+y^2)} \, dxdy$，其中 D：$x^2+y^2 \leqslant 1$.

3. 设 $z = z(x, y)$ 由 $e^z = xyz$ 所确定，求 $\dfrac{\partial z}{\partial x}, \dfrac{\partial^2 z}{\partial x \partial y}$.

4. 求由 $y^2 = x$ 及 $x^2 = y$ 所围的平面图形绕 x 轴旋转一周所得的立体的体积.

5. 求方程 $x\dfrac{\mathrm{d}y}{\mathrm{d}x} = y\ln\dfrac{y}{x}$ 的通解.

6. 将 $f(x) = \dfrac{1}{x}$ 展成 $x - 3$ 的幂级数.

本题分数	7 分
得　分	

三、设 $w = f(x+y+z, xy)$，其中 f 具有二阶连续偏导数，求 $\dfrac{\partial w}{\partial x}, \dfrac{\partial^2 w}{\partial x \partial y}$.

本题分数	7 分
得　分	

四、求方程 $\dfrac{dy}{dx} - y\tan x = \sec x$ 满足条件 $y(0) = 0$ 的特解.

本题分数	8 分
得　分	

五、判别级数 $\sum\limits_{n=1}^{\infty} (-1)^n \ln \dfrac{n+1}{n}$ 的敛散性，若收敛是绝对收敛还是条件收敛.

本题分数	8分
得　分	

六、求 $y''+3y'+2y=3xe^{-x}$ 的通解.

本题分数	4分
得　分	

七、求幂级数 $\sum_{n=1}^{\infty}n(n+1)x^n$ 的和函数.

答案与提示

第五章 定积分

第一节 定积分的概念与性质

1. (1) (B);　　(2) (B);　　(3) (C);　　(4) (C).

*2. $\dfrac{1}{3}$.

*3. 略.

4. (1) $0 \leqslant \int_1^4 (x^2-1)\mathrm{d}x \leqslant 45$;　　(2) $2\mathrm{e}^{-\frac{1}{4}} \leqslant \int_0^2 \mathrm{e}^{x^2-x}\mathrm{d}x \leqslant 2\mathrm{e}^2$.

5. (1) $I_1 > I_2$;　　(2) $I_1 < I_2$.

6. 0.

7. (1) $\dfrac{\pi}{4}$;　　(2) $f(x) = 1 + \dfrac{4}{4-\pi}\sqrt{1-x^2}$.

*思考题解答： 由 $f(x)+g(x)$ 或 $f(x)g(x)$ 在 $[a,b]$ 上可积，不能断言 $f(x), g(x)$ 在 $[a,b]$ 上都可积. 如

$$f(x) = \begin{cases} 1, & x\text{为有理数}, \\ 0, & x\text{为无理数}, \end{cases} \quad g(x) = \begin{cases} 0, & x\text{为有理数}, \\ 1, & x\text{为无理数}, \end{cases}$$

显然 $f(x)+g(x)$ 和 $f(x)g(x)$ 在 $[0,1]$ 上可积，但 $f(x), g(x)$ 在 $[0,1]$ 上都不可积.

第二节 微积分基本公式

1. (1) $3x^2\sqrt{1+x^6}$;　　*(2) $-\cos(\pi\cos^2 x)\sin x - \cos(\pi\sin^2 x)\cos x$;

(3) $2(a-x)\cos(a-x)^2$;　　(4) $[-1,1]$;　　(5) $\dfrac{\cos x}{\sin x - 1}$;　　*(6) $f(x) - f(0)$.

2. 极小值 $f(0) = 0$.

3. (1) 1;　　(2) $\dfrac{1}{2\mathrm{e}}$.

4. (1) $\ln 2$.　　(2) $\dfrac{2}{3}(2\sqrt{2}-1)$.

5. (1) $2\dfrac{5}{8}$;　　(2) $\dfrac{\pi}{6}$;　　(3) $1+\dfrac{\pi}{4}$;　　(4) $1-\dfrac{\pi}{4}$.

6. $\dfrac{17}{6}$.

7. $\varPhi(x) = \begin{cases} 0, & x < 0, \\ \dfrac{1-\cos x}{2}, & 0 \leqslant x \leqslant \pi, \\ 1, & x > \pi. \end{cases}$

*思考题解答：$\int_a^x f(t)\mathrm{d}t$ 与 $\int_x^b f(u)\mathrm{d}u$ 都是 x 的函数，$\dfrac{\mathrm{d}}{\mathrm{d}x}\int_a^x f(t)\mathrm{d}t = f(x)$，$\dfrac{\mathrm{d}}{\mathrm{d}x}\int_x^b f(u)\mathrm{d}u = -f(x)$.

第三节　定积分的换元法和分部积分法

1. (1) -1;　　(2) $\mathrm{e}^2 + \mathrm{e} - 2$.

2. (1) $\dfrac{21}{169}$;　　(2) $\sqrt{2} - \dfrac{2}{3}\sqrt{3}$;　　(3) $\dfrac{1}{3}$;　　(4) $2 + 2\ln\dfrac{2}{3}$;　　(5) $2\left(\sqrt{1+\ln 2} - 1\right)$;

(6) $2\sqrt{2}$.

3. (1) $\dfrac{\pi^3}{324}$;　　(2) $2\sin 5$.

4. (1) 1;　　(2) $4(2\ln 2 - 1)$;　　(3) -2π;　　(4) $\dfrac{\pi}{4} - \dfrac{1}{2}$;　　(5) $\dfrac{\mathrm{e}\sin 1 - \mathrm{e}\cos 1 + 1}{2}$;

(6) 2π;　　(7) $2\left(1 - \dfrac{1}{\mathrm{e}}\right)$;　　*(8) $\dfrac{1}{6}\pi^3 - \dfrac{\pi}{4}$.

5. $k - f(\pi) - f(0)$.

6. $\dfrac{9}{4}$.

*思考题解答：计算中第二步是错误的. 因为 $x = \sec t$, $t \in \left[\dfrac{2\pi}{3}, \dfrac{3\pi}{4}\right]$, $\tan t < 0$, 所以 $\sqrt{x^2 - 1} = |\tan t| \neq \tan t$，从而正确解法是：

$$\int_{-2}^{-\sqrt{2}} \dfrac{\mathrm{d}x}{x\sqrt{x^2 - 1}} \xlongequal{x = \sec t} \int_{\frac{2\pi}{3}}^{\frac{3\pi}{4}} \dfrac{1}{\sec t \cdot |\tan t|} \sec t \cdot \tan t \, \mathrm{d}t = -\int_{\frac{2\pi}{3}}^{\frac{3\pi}{4}} \mathrm{d}t = -\dfrac{\pi}{12}.$$

第四节　反　常　积　分

1. (1) (C);　　(2) (D).

2. (1) $\dfrac{1}{2}$;　　(2) $\dfrac{1}{4}$;　　(3) 1;　　(4) 发散.

*思考题解答：积分 $\int_0^1 \dfrac{\ln x}{x-1}\mathrm{d}x$ 可能的瑕点是 $x = 0, x = 1$. 因为 $\lim\limits_{x \to 1} \dfrac{\ln x}{x - 1} = \lim\limits_{x \to 1} \dfrac{1}{x} = 1$，所以 $x = 1$ 不是瑕点，从而积分 $\int_0^1 \dfrac{\ln x}{x-1}\mathrm{d}x$ 的瑕点是 $x = 0$.

第五节 定积分几何应用

1. (1) $\frac{3}{2} - \ln 2$; (2) $b - a$; (3) 1; (4) 18.

2. $\frac{9}{4}$.

3. $\frac{128}{7}\pi$; $\frac{64}{5}\pi$.

4. (1) $\frac{3}{10}\pi$. (2) $160\pi^2$.

5. $4\pi^2$.

*__6.__ $\frac{\pi R^2 H}{2}$.

*思考题解答：由 $\begin{cases} xy = 4, \\ y = 1 \end{cases}$ 解得曲线 $xy = 4$ 和直线 $y = 1$ 的交点为 $(4, 1)$. 于是所求立体的体积为：$V_y = \pi \int_1^{+\infty} x^2 \mathrm{d}y = \pi \int_1^{+\infty} \frac{16}{y^2} \mathrm{d}y = \pi \left[-\frac{16}{y} \right]_1^{+\infty} = 16\pi$.

总 习 题 五

1. (1) (B);   (2) (C);   (3) (C);   (4) (B).

2. (1) 1;   (2) 0;   (3) $\frac{\pi}{2} - \frac{1}{2}$;   (4) $\frac{1}{2}$;   (5) $\frac{\pi a}{2}$.

3. $f(x) = \frac{1}{1+x^2} + \frac{\pi}{4-\pi}\sqrt{1-x^2}$.

*__4.__ (1) $\frac{\pi}{4}$;   (2) $2\sqrt{2} - 2$.

5. 2.

6. $1 + \ln(1 + \mathrm{e}^{-1})$.

*__7.__ 提示：该题方法不唯一，使用分部积分公式是方法之一.

*__8.__ $2\pi^2 a^2 b$.

9. (1) 略;   *(2) 提示：使用零点定理.

*__10.__ $a = -\frac{5}{3}$, $b = 2$, $c = 0$.

第六章 多元微分学

第一节 空间解析几何简介

1. $4x + 4y + 10z - 63 = 0$.

2. (1) 平行于 y 轴的直线；平行于 yOz 面的平面.

(2) 斜率为1的直线；平行于 z 轴的平面.

(3) 圆心在原点，半径为2的圆；以 z 轴为中心轴，半径为2的圆柱面.

(4) 两半轴均为1的双曲线；母线平行于 z 轴的双曲柱面.

3. $x + 3y = 0$.

第二节 多元函数的概念

1. $(x+y)^{xy} + (xy)^{2x}$.

2. (1) $D = \{(x,y) \mid y^2 - 2x + 1 > 0\}$； (2) $D = \{(x,y) \mid x \geqslant \sqrt{y}, y \geqslant 0\}$.

第三节 二元函数的极限与连续

1. (1) 1；   (2) 2；   (3) 2；   (4) 0.

2. 曲线 $y^2 - 2x = 0$ 上的点.

*思考题解答：不能. 如 $f(x,y) = \dfrac{x^3 y^2}{(x^2 + y^4)^2}$，$(x,y) \to (0,0)$，取 $y = kx$，$f(x, kx) = \dfrac{x^3 \cdot k^2 x^2}{(x^2 + k^4 x^4)^2} \xrightarrow{x \to 0} 0$，但是 $\lim\limits_{(x,y) \to (0,0)} f(x,y)$ 不存在，原因为若取 $x = y^2$，$f(y^2, y) = \dfrac{y^6 y^2}{(y^4 + y^4)^2} \to \dfrac{1}{4}$.

第四节 偏 导 数

1. (1) $\dfrac{\partial z}{\partial x} = 3x^2 y - y^3$, $\dfrac{\partial z}{\partial y} = x^3 - 3xy^2$；

(2) $\dfrac{\partial z}{\partial x} = -y^2 \sin(xy^2)$, $\dfrac{\partial z}{\partial y} = -2xy \sin(xy^2)$；

(3) $\dfrac{\partial z}{\partial x} = \dfrac{1}{y} e^{\frac{x}{y}}$, $\dfrac{\partial z}{\partial y} = -\dfrac{x}{y^2} e^{\frac{x}{y}}$；

(4) $\dfrac{\partial z}{\partial x} = \dfrac{1}{x}$, $\dfrac{\partial z}{\partial y} = \dfrac{1}{y}$.

2. $f_x(x,1) = 1$.

3. (1) $\dfrac{\partial^2 z}{\partial x^2} = 12x^2 - 8y^2, \dfrac{\partial^2 z}{\partial x \partial y} = \dfrac{\partial^2 z}{\partial y \partial x} = -16xy, \dfrac{\partial^2 z}{\partial y^2} = 12y^2 - 8x^2$；

(2) $\dfrac{\partial^2 z}{\partial x^2} = \dfrac{2xy}{(x^2+y^2)^2}, \dfrac{\partial^2 z}{\partial x \partial y} = \dfrac{\partial^2 z}{\partial y \partial x} = \dfrac{y^2 - x^2}{(x^2+y^2)^2}, \dfrac{\partial^2 z}{\partial y^2} = \dfrac{-2xy}{(x^2+y^2)^2}$.

4. 0；   2；   −2.

5. 略.

*思考题解答：不能. 如 $f(x,y)=\sqrt{x^2+y^2}$，在 $(0,0)$ 处连续，但 $f_x(0,0)$，$f_y(0,0)$ 不存在.

第五节 全微分及其应用

1. (1) $dz=\left(y+\dfrac{1}{y}\right)dx+\left(x-\dfrac{x}{y^2}\right)dy$；

(2) $dz=yzx^{yz-1}dx+zx^{yz}\ln x\,dy+yx^{yz}\ln x\,dz$.

2. $dz\Big|_{\substack{x=1\\y=2}}=\dfrac{1}{3}dx+\dfrac{2}{3}dy$.

3. $-\dfrac{3}{11}$，-0.3.

*__4.__ (D)，由微分定义可得.

第六节 多元复合函数和隐函数微分法

1. $4x$，$4y$.

2. $\dfrac{\partial z}{\partial x}=\dfrac{2x\ln(3x-2y)}{y^2}+\dfrac{3x^2}{(3x-2y)y^2}$，$\dfrac{\partial z}{\partial y}=-\dfrac{2x^2\ln(3x-2y)}{y^3}-\dfrac{2x^2}{(3x-2y)y^2}$.

3. (1) $\dfrac{\partial u}{\partial x}=2xf_1'+ye^{xy}f_2'$，$\dfrac{\partial u}{\partial y}=-2yf_1'+xe^{xy}f_2'$；

(2) $\dfrac{\partial u}{\partial x}=\dfrac{1}{y}f_1'$，$\dfrac{\partial u}{\partial y}=-\dfrac{x}{y^2}f_1'+\dfrac{1}{z}f_2'$，$\dfrac{\partial u}{\partial z}=-\dfrac{y}{z^2}f_2'$.

4. (1) y^2f_{11}''，$f_1'+y(xf_{11}''+f_{12}'')$，$x^2f_{11}''+2xf_{12}''+f_{22}''$；

(2) $f_{11}''+\dfrac{2}{y}f_{12}''+\dfrac{1}{y^2}f_{22}''$，$-\dfrac{x}{y^2}f_{12}''-\dfrac{x}{y^3}f_{22}''-\dfrac{1}{y^2}f_2'$，$\dfrac{2x}{y^3}f_2'+\dfrac{x^2}{y^4}f_{22}''$.

5. $\dfrac{y^2-e^x}{\cos y-2xy}$.

6. $\dfrac{\partial z}{\partial x}=\dfrac{yz}{e^z-xy}$.

7. $\dfrac{\partial z}{\partial x}=\dfrac{z}{x+z}$；$\dfrac{\partial z}{\partial y}=\dfrac{z^2}{y(x+z)}$.

8. $\dfrac{z^5-2xyz^3-x^2y^2z}{(z^2-xy)^3}$.

*思考题解答：(1) 不相同. 等式左端的 z 是作为一个自变量 x 的函数，而等式右端最后一项 f 是作为 u,v,x 的三元函数，写出来为

$$\dfrac{dz}{dx}\Big|_x=\dfrac{\partial f}{\partial u}\Big|_{(u,v,x)}\cdot\dfrac{du}{dx}\Big|_x+\dfrac{\partial f}{\partial v}\Big|_{(u,v,x)}\cdot\dfrac{dv}{dx}\Big|_x+\dfrac{\partial f}{\partial x}\Big|_{(u,v,x)}.$$

(2) 记 $F(x,y,z) = \dfrac{x}{z} - \varphi\left(\dfrac{y}{z}\right)$，则

$$F_x = \frac{1}{z}, \quad F_y = -\varphi'\left(\frac{y}{z}\right) \cdot \frac{1}{z}, \quad F_z = -\frac{x}{z^2} - \varphi'\left(\frac{y}{z}\right) \cdot \frac{-y}{z^2},$$

从而

$$\frac{\partial z}{\partial x} = -\frac{F_x}{F_z} = \frac{z}{x - y\varphi'\left(\dfrac{y}{z}\right)}, \quad \frac{\partial z}{\partial y} = -\frac{F_y}{F_z} = \frac{-z\varphi'\left(\dfrac{y}{z}\right)}{x - y\varphi'\left(\dfrac{y}{z}\right)},$$

于是 $x\dfrac{\partial z}{\partial x} + y\dfrac{\partial z}{\partial y} = z$.

第七节　多元函数的极值

1. 极大值 $f(2,-2) = 8$.

2. 极小值 $f\left(\dfrac{1}{2}, -1\right) = -\dfrac{e}{2}$.

3. $\dfrac{2p}{3}$ 及 $\dfrac{p}{3}$.

*思考题解答：不是. 如 $f(x,y) = x^2 - y^2$，当 $x = 0$ 时，$f(0,y) = -y^2$ 在 $(0,0)$ 取极大值，当 $y = 0$ 时，$f(x,0) = x^2$ 在 $(0,0)$ 取极小值，但 $f(x,y) = x^2 - y^2$ 在 $(0,0)$ 不取极值.

总 习 题 六

1. (1) (B); (2) (A); (3) (B); (4) (D); (5) (A).

2. (1) $\dfrac{\partial z}{\partial x} = \dfrac{1}{2x\sqrt{\ln xy}}, \dfrac{\partial z}{\partial y} = \dfrac{1}{2y\sqrt{\ln xy}}$;

(2) $\dfrac{\partial s}{\partial u} = \dfrac{1}{v} - \dfrac{v}{u^2}, \dfrac{\partial s}{\partial v} = \dfrac{1}{u} - \dfrac{u}{v^2}$.

3. $\dfrac{\partial z}{\partial x} = \dfrac{2x}{1 + x^2 + y^2}, \dfrac{\partial z}{\partial y} = \dfrac{2y}{1 + x^2 + y^2}$.

4. $\dfrac{dy}{dx} = \dfrac{x+y}{x-y}$.

*5. 略.

6. $f''_{11} + 2y^2 f''_{12} + y^4 f''_{22}$.

7. 长宽高均为 $\dfrac{2a}{\sqrt{3}}$.

第七章 二重积分

第一节 二重积分的概念与性质

1. (1) 连续； (2) 以 $z=f(x,y)$ 为曲顶，以 D 为底的曲顶柱体体积的代数和.

(3) $\geqslant$，$\leqslant$； (4) $\leqslant$.

2. (1) $I_1 \geqslant I_2$； (2) $I_1 \leqslant I_2$.

3. (1) $0 \leqslant I \leqslant 16$； (2) $36\pi \leqslant I \leqslant 100\pi$.

4. $\dfrac{2}{3}\pi$.

*思考题解答：定积分与二重积分都表示某个和式的极限值，且此值只与被积函数及积分区域有关．不同的是定积分的积分区域为区间，被积函数为定义在区间上的一元函数，而二重积分的积分区域为平面区域，被积函数为定义在平面区域上的二元函数．

第二节 二重积分的计算

1. (1) $\displaystyle\int_{-r}^{r}dx\int_{0}^{\sqrt{r^2-x^2}}f(x,y)dy$； (2) $\displaystyle\int_{\frac{1}{2}}^{1}dy\int_{\frac{1}{y}}^{2}f(x,y)dx+\int_{1}^{2}dy\int_{y}^{2}f(x,y)dx$；

(3) (i) $\displaystyle\int_{1}^{e}dx\int_{0}^{\ln x}f(x,y)dy$； (ii) $\displaystyle\int_{0}^{1}dy\int_{2-y}^{1+\sqrt{1-y^2}}f(x,y)dx$；

(iii) $\displaystyle\int_{-2}^{0}dx\int_{2x+4}^{4-x^2}f(x,y)dy$； (iv) $\displaystyle\int_{0}^{1}dy\int_{\sqrt{y}}^{2-y}f(x,y)dx$.

2. 作图略. (1) $\dfrac{8}{3}$； (2) $\dfrac{9}{4}$； (3) $\dfrac{19}{6}$； (4) $\dfrac{4}{3}$； (5) $-\dfrac{3}{2}\pi$； (6) $e-\dfrac{1}{e}$.

3. $\ln 2 - \dfrac{7}{24}$.

4. $\dfrac{5}{6}$.

5. (1) (i) $\displaystyle\int_{-\frac{\pi}{2}}^{\frac{\pi}{2}}d\theta\int_{0}^{2\cos\theta}f(r\cos\theta,r\sin\theta)rdr$； (ii) $\displaystyle\int_{0}^{\frac{\pi}{2}}d\theta\int_{0}^{(\cos\theta+\sin\theta)^{-1}}f(r\cos\theta,r\sin\theta)rdr$.

(2) (i) $\displaystyle\int_{\frac{\pi}{4}}^{\frac{\pi}{3}}d\theta\int_{0}^{2\sec\theta}f(r)rdr$； (ii) $\displaystyle\int_{0}^{\frac{\pi}{2}}d\theta\int_{0}^{2a\cos\theta}r^3 dr$，$\dfrac{3}{4}\pi a^4$；

(iii) $\displaystyle\int_{0}^{\frac{\pi}{4}}d\theta\int_{0}^{\frac{\sin\theta}{\cos^2\theta}}dr$，$\sqrt{2}-1$； (iv) $\displaystyle\int_{0}^{\frac{\pi}{4}}d\theta\int_{\sec\theta\tan\theta}^{\sec\theta}f(r\cos\theta,r\sin\theta)rdr$.

6. (1) $\dfrac{1}{3}R^3\left(\pi-\dfrac{4}{3}\right)$； (2) $\dfrac{\pi}{4}(2\ln 2-1)$； (3) $\dfrac{3}{64}\pi^2$； *(4) 5π.

7. $\dfrac{5}{48}(\pi-3\sqrt{3}+6)$.

8. $\dfrac{3}{32}\pi a^4$.

9. $\dfrac{1-e^{-4}}{2}$.

*思考题解答：因为 $\int_x^1 f(y)dy$ 不能直接积出，所以改变积分次序.

令 $I = \int_0^1 dx \int_x^1 f(x)f(y)dy$，则原式 $= I = \int_0^1 dy \int_0^y f(x)f(y)dx = \int_0^1 f(x)dx \int_0^x f(y)dy$，

故 $2I = \int_0^1 f(x)dx \int_x^1 f(y)dy + \int_0^1 f(x)dx \int_0^x f(y)dy = \int_0^1 f(x)dx \left[(\int_0^x + \int_x^1)f(y)dy \right]$

$= \int_0^1 f(x)dx \int_0^1 f(y)dy = A^2$.

从而得 $I = \dfrac{A^2}{2}$.

第三节　二重积分的应用

1. $\dfrac{\pi}{6}(5\sqrt{5}-1)$.

2. $\left(\dfrac{4R}{3\pi}, \dfrac{4R}{3\pi}\right)$.

*思考题解答：因为薄片关于 x 轴对称，所以 $\bar{y}=0$.

$$\bar{x} = \dfrac{\iint_D x d\sigma}{\iint_D d\sigma} = \dfrac{\int_{-\frac{\pi}{2}}^{\frac{\pi}{2}} d\theta \int_{a\cos\theta}^{b\cos\theta} r\cos\theta \cdot r dr}{\dfrac{\pi}{4}(b^2-a^2)} = \dfrac{\dfrac{\pi}{8}(b^3-a^3)}{\dfrac{\pi}{4}(b^2-a^2)} = \dfrac{a^2+ab+b^2}{2(a+b)}.$$

故重心坐标为 $\left(\dfrac{a^2+ab+b^2}{2(a+b)}, 0\right)$.

总　习　题　七

1. (1) (D);　　(2) (B);　　(3) (A);　　(4) (A);　　(5) (B);　　*(6) (C).

2. (1) $-6\pi^2$;　　(2) $14a^4$;　　*(3) $\dfrac{1}{2}$;　　*(4) $\dfrac{\pi R^4}{8}$.

3. (1) $\int_0^2 dx \int_{\frac{x}{2}}^{3-x} f(x,y)dy$;　　(2) $\int_0^1 dy \int_0^{y^2} f(x,y)dx + \int_1^2 dy \int_0^{\sqrt{-y^2+2y}} f(x,y)dx$.

4. 提示：交换积分次序.

*5. $\dfrac{2}{3}\pi$.

*6. $\dfrac{\pi}{2} - 1$.

第八章 无穷级数

第一节 常数项级数的概念和性质

1. (1) $\dfrac{1}{2n-1}$;　　(2) $(-1)^n \dfrac{n+1}{n}$;　　(3) $\dfrac{x^{\frac{n}{2}}}{2\times 4\times 6\times\cdots\times(2n)}$;　　(4) $(-1)^{n-1}\dfrac{a^{n+1}}{2n+1}$.

2. (1) 收敛;　　(2) 收敛.

3. (1) 发散;　　(2) 发散;　　(3) 收敛;　　(4) 收敛;　　(5) 发散;　　(6) 发散.

*思考题解答：能. 由柯西审敛原理 (参考相关教材) 可知.

第二节 正项级数

1. (1) 发散;　　(2) 收敛;　　(3) 收敛;　　(4) 收敛;　　(5) 发散;　　(6) 发散;

　　(7) 收敛;　　(8) 收敛.

2. 略.

3. (1) 收敛;　　(2) 收敛;　　(3) 收敛;　　(4) 发散;　　(5) 收敛;　　(6) 收敛.

4. (1) 发散;　　(2) 收敛;　　(3) 收敛;　　(4) 收敛;　　(5) 收敛;　　(6) 发散.

*思考题解答：由正项级数 $\sum\limits_{n=1}^{\infty} u_n$ 收敛, 可以推得 $\sum\limits_{n=1}^{\infty} u_n^2$ 收敛, 因为

$$\lim_{n\to\infty}\dfrac{u_n^2}{u_n} = \lim_{n\to\infty} u_n = 0,$$

由比较法可知 $\sum\limits_{n=1}^{\infty} u_n^2$ 收敛. 反之不成立, 例如 $\sum\limits_{n=1}^{\infty}\dfrac{1}{n^2}$ 收敛, $\sum\limits_{n=1}^{\infty}\dfrac{1}{n}$ 发散.

第三节 交错级数

1. (1) 发散;　　(2) 收敛;　　(3) 收敛;　　(4) 发散.

2. (1) 绝对收敛;　　(2) 条件收敛;　　(3) 绝对收敛;　　(4) 发散;

　　(5) 条件收敛;　　(6) 条件收敛.

*思考题解答：

	正项级数	任意项级数
审敛法	1. 判断前 n 项和的极限值是否存在, 若存在, 则收敛, 反之发散 2. 判断一般项的极限值是否为 0, 若不为 0, 则发散 3. 按基本性质	
	4. 充要条件 5. 比较法 6. 比值法 7. 根值法	4. 绝对收敛 5. 交错级数 (莱布尼茨定理)

第四节 幂级数的收敛域及性质

1. (1) $(-1,1)$; (2) $x=0$; (3) $(-\infty,+\infty)$; (4) $[4,6]$; (5) $[-1,1]$.

2. (1) $\dfrac{x}{(1-x)^2}$ $(-1<x<1)$; (2) $\dfrac{1}{2}\ln\dfrac{1+x}{1-x}$ $(-1<x<1)$; (3) $\arctan x$ $(-1\leqslant x\leqslant 1)$;

(4) $\dfrac{2x}{(1-x)^3}$ $(-1<x<1)$.

*__3.__ 3.

*思考题解答：不一定.

例如 $f(x)=\sum\limits_{n=1}^{\infty}\dfrac{1}{n^2}x^n$，$f'(x)=\sum\limits_{n=1}^{\infty}\dfrac{1}{n}x^{n-1}$，$f''(x)=\sum\limits_{n=2}^{\infty}\dfrac{(n-1)}{n}x^{n-2}$，它们的收敛半径都是 1，但是收敛域分别是 $[-1,1],[-1,1),(-1,1)$.

第五节 函数的幂级数展开

1. (1) $\ln 2+\sum\limits_{n=1}^{\infty}(-1)^{n-1}\dfrac{1}{n}\left(\dfrac{x}{2}\right)^n, x\in(-2,2]$; (2) $\sum\limits_{n=0}^{\infty}\dfrac{1}{a^{n+1}}x^n, \left|\dfrac{x}{a}\right|<1$;

*(3) $x+\sum\limits_{n=1}^{\infty}(-1)^n\dfrac{2(2n)!}{(n!)^2}\left(\dfrac{x}{2}\right)^{2n+1}, x\in[-1,1]$; (4) $\sum\limits_{n=1}^{\infty}\dfrac{n}{2^{n+1}}x^{n-1}, x\in(-2,2)$.

2. $\dfrac{1}{3}\sum\limits_{n=0}^{\infty}(-1)^n\dfrac{(x-3)^n}{3^n}, x\in(0,6)$.

3. $\dfrac{1}{\ln 10}\sum\limits_{n=1}^{\infty}(-1)^{n-1}\dfrac{(x-1)^n}{n}, x\in(0,2)$.

4. $\sum\limits_{n=0}^{\infty}\left(\dfrac{1}{2^{n+1}}-\dfrac{1}{3^{n+1}}\right)(x+4)^n, x\in(-6,-2)$.

5. $s(x)=e^{x^2}(1+2x^2), x\in(-\infty,+\infty)$.

*思考题解答：从已知的展开式出发，通过变量代换、四则运算或逐项求导、逐项积分等办法，求出给定函数展开式的方法.

总 习 题 八

1. (1) $a>1$ 时级数收敛；$a\leqslant 1$ 时级数发散. *(2) $(0,4)$.

2. (1) (D); (2) (C); (3) (B).

3. (1) 发散； (2) 收敛； (3) 发散； (4) 收敛.

4. (1) $\dfrac{1}{(2-x)^2}=\sum\limits_{n=1}^{\infty}\dfrac{n}{2^{n+1}}x^{n-1}, x\in(-2,2)$;

*(2) $\dfrac{d}{dx}\left(\dfrac{e^x-1}{x}\right)=\sum\limits_{n=1}^{\infty}\dfrac{n}{(n+1)!}x^{n-1}, |x|<+\infty, x\neq 0$.

5. (1) $s(x) = \begin{cases} 1 + \left(\dfrac{1}{x} - 1\right)\ln(1-x), & x \in (-1,0) \cup (0,1), \\ 0, & x = 0, \\ 1, & x = 1. \end{cases}$

(2) $s(x) = \dfrac{1}{2}(\sin x + x\cos x), \quad x \in (-\infty, +\infty)$.

6. 提示：用级数收敛的定义证明.

第九章 微分方程与差分方程

第一节 微分方程的概念

1. (1) 是；   (2) 不是.

2. (1) 一阶；   (2) 三阶.

3. $y'x^2 - xy' + y = 0, \quad y|_{x=-1} = 1$.

*思考题解答：$y' = 6e^{2x}, \ y'' = 12e^{2x}, \ y'' - 4y = 0$，且解中不含任意常数，所以为微分方程的特解.

第二节 一阶微分方程

1. (1) $y = e^{cx}$;   (2) $y = \sin\left(\dfrac{1}{2}x^2 + C\right)$;   (3) $\ln^2 x + \ln^2 y = C$;

(4) $y = \dfrac{1}{a\ln(1-a-x) + C}$;   (5) $(e^x + 1)(e^y - 1) = C$;   (6) $\sin x \sin y = C$;

(7) $x - \arctan x = \ln y - \dfrac{1}{2}y^2 + C$.

2. (1) $\cos y = \dfrac{\sqrt{2}}{2}\cos x$;   (2) $(x+1)e^y - 2x = 1$.

3. (1) $y = xe^{Cx+1}$;   (2) $y^2 = x^2 \ln(Cx^2)$;   (3) $y + \sqrt{y^2 - x^2} = Cx^2$;   *(4) $x + 2ye^{\frac{x}{y}} = C$.

4. $y^3 = y^2 - x^2$.

5. (1) $y = e^{-x}(x + C)$;   (2) $y = 2 + Ce^{-x^2}$;   (3) $y = \dfrac{\sin x + C}{x^2 - 1}$;

(4) $y = \dfrac{1}{x}[(x-1)e^x + C]$;   (5) $2x\ln y = \ln^2 y + C$;   (6) $3\rho = 2 + Ce^{-3\theta}$.

6. $y = \dfrac{\pi - 1 - \cos x}{x}$.

7. $y = \dfrac{2}{3}(4 - e^{-3x})$.

8. $y = \dfrac{x}{\cos x}$.

9. $(1+\mathrm{e}^x)\sec y = 2\sqrt{2}$.

*思考题解答：由题知 $\dfrac{\mathrm{d}x}{\mathrm{d}y} = \dfrac{\cos y \sin 2y - x\sin y}{\cos y} = \sin 2y - x\tan y$，故

$$\dfrac{\mathrm{d}x}{\mathrm{d}y} + \tan y \cdot x = \sin 2y,$$

从而通解为 $x = \mathrm{e}^{\ln|\cos y|}\left[\int \sin 2y \cdot \mathrm{e}^{-\ln|\cos y|}\mathrm{d}y + C\right] = \cos y[C - 2\cos y]$.

第三节　可降阶的二阶微分方程

1. (1) $y = x\mathrm{e}^x - 2\mathrm{e}^x + C_1 x + C_2$；　　(2) $y = C_1 \mathrm{e}^x - \dfrac{x^2}{2} - x + C_2$；

(3) $C_1 y^2 - 1 = (\pm C_1 x + C_2)^2$；　　(4) $y = \arcsin(C_2 \mathrm{e}^x) + C_1$.

2. $y = -\dfrac{1}{a}\ln|ax+1|$.

3. $\mathrm{e}^y = \sec x$.

*思考题解答：令 $P = y'$，则 $y'' = \dfrac{\mathrm{d}P}{\mathrm{d}x}$，原微分方程可化为 $\dfrac{\mathrm{d}P}{\mathrm{d}x} - \dfrac{1}{x}P = x$，由此，方程的通解为 $P = \mathrm{e}^{-\int\left(-\frac{1}{x}\right)\mathrm{d}x}\left[\int x \cdot \mathrm{e}^{\int\left(-\frac{1}{x}\right)\mathrm{d}x}\mathrm{d}x + C_1\right] = x^2 + C_1 x$，即 $y' = x^2 + C_1 x$，所以原方程的通解为 $y = \dfrac{1}{3}x^3 + \dfrac{C_1}{2}x^2 + C_2$. 由题意可知 $y|_{x=1} = 0$，$y'|_{x=1} = -\dfrac{1}{3}$，分别代入 y, y' 的表达式得 $C_1 = -\dfrac{4}{3}, C_2 = \dfrac{1}{3}$，从而所求积分曲线为 $y = \dfrac{1}{3}x^3 - \dfrac{2}{3}x^2 + \dfrac{1}{3}$.

第四节　二阶线性微分方程

1. $y = C_1 \sin kx + C_2 \cos kx$.

2. 略.

*思考题解答：y_1, y_2, y_3 都是微分方程的解，$y_3 - y_2 = \mathrm{e}^x, y_2 - y_1 = x^2$ 是对应的齐次方程的解，又因为 $\dfrac{y_3 - y_2}{y_2 - y_1} \neq$ 常数，所以所求通解为

$$y = C_1(y_3 - y_2) + C_2(y_2 - y_1) = C_1 \mathrm{e}^x + C_2 x^2.$$

第五节　二阶线性常系数微分方程

1. (1) $y = C_1 + C_2 \mathrm{e}^{4x}$；　　(2) $y = \mathrm{e}^{-3x}(C_1 \cos 2x + C_2 \sin 2x)$；

(3) $x = (C_1 + C_2 t)\mathrm{e}^{\frac{5}{2}t}$；　　(4) $y = \mathrm{e}^{-\frac{1}{2}x}\left(C_1 \cos\dfrac{\sqrt{3}}{2}x + C_2 \sin\dfrac{\sqrt{3}}{2}x\right)$.

2. (1) $y = e^{-x} - e^{4x}$;　　(2) $y = e^{2x}\sin 3x$;

(3) $y = 4e^x + 2e^{3x}$;　　(4) $y = e^{-\frac{x}{2}}(x+2)$.

3. (1) $y = C_1 e^{\frac{x}{2}} + C_2 e^{-x} + e^x$;　　(2) $y = C_1 e^{-x} + C_2 e^{-2x} + e^{-x}\left(\frac{3}{2}x^2 - 3x\right)$;

*(3) $y = C_1 \cos 2x + C_2 \sin 2x + \frac{1}{3}x\cos x + \frac{2}{9}\sin x$;

*(4) $y = C_1 e^{-x} + C_2 e^x + \frac{1}{10}\cos 2x - \frac{1}{2}$.

***4.** $f(x) = \frac{1}{2}\sin x + \frac{x}{2}\cos x$.

*思考题解答：$y \neq 0$，$\dfrac{yy'' - (y')^2}{y^2} = \ln y$，即 $\left(\dfrac{y'}{y}\right)' = \ln y$. 因为 $(\ln y)'_x = \dfrac{y'}{y}$，所以 $(\ln y)'' = \ln y$，令 $z = \ln y$，有 $z'' - z = 0$，特征根 $\lambda = \pm 1$，通解为 $z = C_1 e^x + C_2 e^{-x}$，即 $\ln y = C_1 e^x + C_2 e^{-x}$.

总习题九

1. (1) 可分离变量方程；　　(2) 齐次方程；　　(3) 一阶线性方程；　　(4) 伯努利方程；

(5) 一阶线性方程.

2. (1) (B);　　(2) (D).

3. $y = x(1 - \ln x)$.

4. $y = \dfrac{1}{2}\ln(1 + x^2) + C_1 \arctan x + C_2$.

5. $y = C_1 e^x + C_2 e^{-x} + xe^x + x^2 + 2$.

*** 6.** $f(x) = e^{2x}(2x + 1)$.

*** 7.** $f(t) = (4\pi t^2 + 1)e^{4\pi t^2}$.

8. $f(x) = \dfrac{3}{4}e^x + \dfrac{1}{4}e^{-x} + \dfrac{1}{2}xe^x$.

期末试题一参考答案及评分标准

一、基本计算题 (每小题 4 分，共 24 分)

1. 解：$I = \lim\limits_{x \to 0} \dfrac{\sin x}{2x}$ ....2 分

$= \dfrac{1}{2}$. ....4 分

2. 解：令 $\sqrt{2x+1} = t$，则 $x = \dfrac{1}{2}(t^2 - 1)$，且有 $\mathrm{d}x = t\mathrm{d}t$，

当 $x = 0$ 时 $t = 1$，当 $x = 4$ 时 $t = 3$，..................................2 分

$I = \dfrac{1}{2} \int_1^3 \dfrac{t^2 + 3}{t} t\mathrm{d}t = \left(\dfrac{1}{6}t^3 + \dfrac{3}{2}t\right)\Big|_1^3 = \dfrac{22}{3}$. ....4 分

3. 解：$I = \int_0^{\frac{\pi}{2}} \mathrm{d}\theta \int_0^1 r^2 \mathrm{d}r$ ....2 分

$= \dfrac{\pi}{2} \cdot \dfrac{1}{3} r^3 \Big|_0^1$

$= \dfrac{\pi}{6}$. ....4 分

4. 解：$\dfrac{\partial z}{\partial x} = y\mathrm{e}^{xy}$，$\dfrac{\partial z}{\partial y} = x\mathrm{e}^{xy}$，..................................2 分

$\mathrm{d}z = \dfrac{\partial z}{\partial x}\mathrm{d}x + \dfrac{\partial z}{\partial y}\mathrm{d}y = y\mathrm{e}^{xy}\mathrm{d}x + x\mathrm{e}^{xy}\mathrm{d}y$. ....4 分

5. 解：原式可化为 $\dfrac{\mathrm{d}y}{\mathrm{d}x} = \mathrm{e}^x \cdot \mathrm{e}^y$，它为变量可分离方程，

即 $\mathrm{e}^{-y}\mathrm{d}y = \mathrm{e}^x \mathrm{d}x$，..................................2 分

两边积分可得 $-\mathrm{e}^{-y} = \mathrm{e}^x + C$，即通解为 $(\mathrm{e}^x + C)\mathrm{e}^y + 1 = 0$. ....4 分

6. 解：$f_x(x, y) = 4x - 1 - 2y$，$f_y(x, y) = 2y - 2x - 1$，

解方程组 $\begin{cases} f_x(x,y) = 4x - 1 - 2y = 0, \\ f_y(x,y) = 2y - 2x - 1 = 0, \end{cases}$ 得 $\begin{cases} x = 1, \\ y = \dfrac{3}{2}. \end{cases}$ ....2 分

$f_{xx}(x,y) = 4 = A$，$f_{xy}(x,y) = -2 = B$，$f_{yy}(x,y) = 2 = C$.

因为 $AC - B^2 = 4 \times 2 - (-2)^2 = 4 > 0$，且 $A > 0$，所以 $\left(1, \dfrac{3}{2}\right)$ 为极小值点. ....4 分

二、计算题 (每小题 6 分，共 36 分)

1. 解：$I = \int_0^1 x\mathrm{d}\mathrm{e}^x = x\mathrm{e}^x \Big|_0^1 - \int_0^1 \mathrm{e}^x \mathrm{d}x$ ....3 分

$= \mathrm{e} - (\mathrm{e} - 1) = 1$. ....6 分

答案与提示

2. 解：$a_n = n$, $a_{n+1} = n+1$, $\lim\limits_{n\to\infty}\left|\dfrac{a_{n+1}}{a_n}\right| = \lim\limits_{n\to\infty}\dfrac{n+1}{n} = 1$, ...3 分

$R = \dfrac{1}{\rho} = 1$, 所以原级数的收敛区间为 $(-1, 1)$. ....6 分

3. 解：设 $F(x, y, z) = z^3 - 2xz + y$, 则 $F_x = -2z$, $F_z = 3z^2 - 2x$, ...3 分

所以 $\dfrac{\partial z}{\partial x} = -\dfrac{F_x}{F_z} = \dfrac{2z}{3z^2 - 2x}$. ....6 分

4. 解：$u_n = \dfrac{n+1}{n(n+2)}$, 因为 $u_n = \dfrac{n+1}{n(n+2)} > \dfrac{n+1}{n^2+2n+1} = \dfrac{1}{n+1}$, ...3 分

又因为 $\sum\limits_{n=1}^{\infty}\dfrac{1}{n+1}$ 是发散的，所以由比较判别法知原级数发散. ....6 分

5. 解：$f(x) = \ln(2+x) = \ln(3+x-1) = \ln 3\left(1 + \dfrac{x-1}{3}\right) = \ln 3 + \ln\left(1 + \dfrac{x-1}{3}\right)$ ....3 分

$= \ln 3 + \sum\limits_{n=0}^{\infty}\dfrac{(-1)^n(x-1)^{n+1}}{(n+1)3^{n+1}}$, $\dfrac{x-1}{3} \in (-1, 1]$, $x \in (-2, 4]$. ....6 分

6. 解：化简得 $y' + \dfrac{1}{x}y = x + 3 + \dfrac{2}{x}$ 为一阶线性方程，其中

$p(x) = \dfrac{1}{x}$, $q(x) = x + 3 + \dfrac{2}{x}$, ...2 分

所以方程的通解为

$y = e^{-\int p(x)dx}\left[\int q(x) e^{\int p(x)dx} dx + C\right] = e^{-\int \frac{1}{x}dx}\left[\int\left(x + 3 + \dfrac{2}{x}\right)e^{\int \frac{1}{x}dx} dx + C\right]$ ....4 分

$= \dfrac{1}{x}\left[\int(x^2 + 3x + 2)dx + C\right] = \dfrac{1}{3}x^2 + \dfrac{3}{2}x + 2 + \dfrac{C}{x}$. ....6 分

三、解：由题可知要交换积分次序：

积分区域为 $D: \begin{cases} 0 \leq x \leq 2, \\ x \leq y \leq 2, \end{cases}$ 即 $D_1: \begin{cases} 0 \leq y \leq 2, \\ 0 \leq x \leq y, \end{cases}$

所以 $I = \int_0^2 dy \int_0^y e^{-y^2} dx$ ....3 分

$= -\dfrac{1}{2}\int_0^2 e^{-y^2} d(-y^2)$

$= -\dfrac{1}{2}e^{-y^2}\Big|_0^2 = \dfrac{1}{2}(1 - e^{-4})$. ....7 分

四、解：由条件可得过两点的直线方程为 $y = \dfrac{3}{2} - x$.

$\begin{cases} y^2 = 2x, \\ y = \dfrac{3}{2} - x \end{cases} \Rightarrow A\left(\dfrac{1}{2}, 1\right), B\left(\dfrac{9}{2}, -3\right)$. ....3 分

所求面积为 $S = \int_{-3}^{1}\left[\left(\frac{3}{2}-y\right)-\frac{y^2}{2}\right]dy = \left[\frac{3}{2}y-\frac{1}{2}y^2-\frac{1}{6}y^3\right]_{-3}^{1} = \frac{16}{3}$. 7分

五、解： $u_n = \frac{n^2}{3^n}$, $\lim\limits_{n\to\infty}\frac{u_{n+1}}{u_n} = \lim\limits_{n\to\infty}\frac{(n+1)^2}{3^{n+1}}\cdot\frac{3^n}{n^2} = \frac{1}{3} < 1$, ...5分

所以由比值判别法可知原级数收敛. 7分

六、解： 特征方程为 $r^2 - 6r + 9 = 0$，特征根为 $r_1 = r_2 = 3$，

对应的齐次方程的通解为 $y = (C_1 + C_2 x)e^{3x}$. 3分

因为 $\lambda = 2$ 不是特征根，故设 $y^* = Ae^{2x}$, $(y^*)' = 2Ae^{2x}$, $(y^*)'' = 4Ae^{2x}$.

代入原方程可得 $4A - 12A + 9A = 1$, $\Rightarrow A = 1$，所以 $y^* = e^{2x}$，从而方程的通解为 $y = (C_1 + C_2 x)e^{3x} + e^{2x}$. 7分

七、解： $\frac{\partial z}{\partial x} = f_1' + \frac{1}{y}f_2'$, ...3分

$\frac{\partial^2 z}{\partial y \partial x} = \frac{\partial^2 z}{\partial x \partial y} = \left(-\frac{x}{y^2}\right)f_{12}'' + \frac{1}{y}f_{22}''\left(-\frac{x}{y^2}\right) - \frac{1}{y^2}f_2' = \left(-\frac{x}{y^2}\right)f_{12}'' - \frac{x}{y^3}f_{22}'' - \frac{1}{y^2}f_2'$. 8分

八、解： $\sum\limits_{n=1}^{\infty}(2n-1)x^n = 2x\sum\limits_{n=1}^{\infty}nx^{n-1} - \sum\limits_{n=1}^{\infty}x^n = 2xf(x) - \frac{x}{1-x}$, $|x| < 1$.

因为 $\int_0^x f(x)dx = \sum\limits_{n=1}^{\infty}\int_0^x nx^{n-1}dx = \frac{x}{1-x}$，所以 $f(x) = \left(\frac{x}{1-x}\right)' = \frac{1}{(1-x)^2}$.

从而 $\sum\limits_{n=1}^{\infty}(2n-1)x^n = \frac{2x}{(1-x)^2} - \frac{x}{1-x} = \frac{x^2+x}{(1-x)^2}$. 3分

取 $x = \frac{1}{3}$，则 $I = 1$. 4分

期末试题二参考答案及评分标准

一、基本计算题 (每小题4分，共24分)

1. 解： $I = \int_1^2 \frac{d\ln x}{\sqrt{1+\ln x}}$ 2分

$= \int_1^2 (1+\ln x)^{-\frac{1}{2}}d(1+\ln x) = 2(1+\ln x)^{\frac{1}{2}}\Big|_1^2 = 2\sqrt{\ln 2 + 1} - 2$. 4分

2. 解： 原式 $= \lim\limits_{x\to 0}\frac{\sqrt{1+x^6}\cdot 3x^2}{3\sin^2 x \cos x} = 1$. 4分

答案与提示

3. 解：$\dfrac{\partial z}{\partial x} = 2x - 4y - 8$, $\dfrac{\partial z}{\partial y} = -4x + 8y$，..................2 分

$dz = (2x - 4y - 8)dx + (-4x + 8y)dy$. ....4 分

4. 解：$\dfrac{dy}{y} = (x^2 + 1)dx$，..................2 分

$\ln|y| = \dfrac{1}{3}x^3 + x + C_1$，所以 $y = Ce^{\frac{1}{3}x^3 + x}$. ....4 分

5. 解：因为 $\lim\limits_{n\to\infty} \dfrac{n + \sqrt{n}}{2n - 1} = \dfrac{1}{2} \neq 0$，所以该级数发散. ....4 分

6. 解：$I = \int_0^2 dx \int_0^1 (x+1)y\,dy = \dfrac{1}{2}\int_0^2 (x+1)dx = 2$. ....4 分

二、计算题 (每小题 5 分，共 30 分)

1. 解：$I = \dfrac{1}{2}\int_0^1 \arctan x\,dx^2 = \dfrac{1}{2}x^2 \arctan x \Big|_0^1 - \dfrac{1}{2}\int_0^1 \dfrac{x^2}{x^2+1}dx$ ....3 分

$= \dfrac{\pi}{8} - \dfrac{1}{2}(x - \arctan x)\Big|_0^1 = \dfrac{\pi}{4} - \dfrac{1}{2}$. ....5 分

2. 解：$I = \int_0^{\frac{\pi}{2}} \sin\theta\,d\theta \int_0^1 \ln(1+r^2)r^2\,dr = \dfrac{1}{3}\ln 2 + \dfrac{4}{9} - \dfrac{\pi}{6}$. ....5 分

3. 解：$I = \int_0^1 dy \int_{1-\sqrt{1-y^2}}^{2-y} f(x,y)dx$. ....5 分

4. 解：抛物线 $y^2 = 2x$ 在点 $\left(\dfrac{1}{2}, 1\right)$ 处的法线斜率为 -1，法线方程为 $x + y = \dfrac{3}{2}$，..................1 分

法线与抛物线的交点为 $\left(\dfrac{1}{2}, 1\right)$，$\left(\dfrac{9}{2}, -3\right)$，..................2 分

所求面积为 $S_D = \int_{-3}^1 \left[\left(\dfrac{3}{2} - y\right) - \dfrac{y^2}{2}\right]dy = \dfrac{16}{3}$. ....5 分

5. 解：$f(x) = \dfrac{1}{x^2 + 3x + 2} = \dfrac{1}{(x+1)} - \dfrac{1}{x+2}$

$= -\dfrac{1}{3 - (x+4)} + \dfrac{1}{2 - (x+4)} = -\dfrac{1}{3}\dfrac{1}{1 - \dfrac{x+4}{3}} + \dfrac{1}{2}\dfrac{1}{1 - \dfrac{x+4}{2}}$ ....2 分

$= \dfrac{1}{2}\sum\limits_{n=0}^{\infty}\left(\dfrac{x+4}{2}\right)^n - \dfrac{1}{3}\sum\limits_{n=0}^{\infty}\left(\dfrac{x+4}{3}\right)^n = \sum\limits_{n=0}^{\infty}\left(\dfrac{1}{2^{n+1}} - \dfrac{1}{3^{n+1}}\right)(x+4)^n$，

其中 $x \in (-6, -2)$. ....5 分

6. 解：等式两边同时对 x 求偏导数，有 $2\cos(x + 2y - 3z)\left(1 - 3\dfrac{\partial z}{\partial x}\right) = 1 - 3\dfrac{\partial z}{\partial x}$，

等式两边同时对 y 求偏导数，有 $2\cos(x + 2y - 3z)\left(2 - 3\dfrac{\partial z}{\partial y}\right) = 2 - 3\dfrac{\partial z}{\partial y}$，..................2 分

答案与提示

由上面两式可得 $\dfrac{\partial z}{\partial x}+\dfrac{\partial z}{\partial y}=1$. 5分

三、解：$\dfrac{\partial z}{\partial x}=4-2x=0,\dfrac{\partial z}{\partial y}=-4-2y=0$，得驻点 $(2,-2)$，..2分

$\dfrac{\partial^2 z}{\partial x^2}=-2=A,\dfrac{\partial^2 z}{\partial x\partial y}=0=B,\dfrac{\partial^2 z}{\partial y^2}=-2=C$. 4分

因为 $AC-B^2=4>0,A<0$，所以驻点 $(2,-2)$ 是极大值点，极大值为 8. ....8分

四、解：$\dfrac{\partial z}{\partial x}=f_1'+y^2 f_2'$，..3分

$\dfrac{\partial^2 z}{\partial x\partial y}=-f_{11}''+(2xy-y^2)f_{12}''+2yf_2'+2xy^3 f_{22}''$. 8分

五、解：$\left|(-1)^n\dfrac{1}{\pi^n}\sin\dfrac{\pi}{n}\right|\leqslant\dfrac{1}{\pi^n}$，..2分

又对于级数 $\sum\limits_{n=1}^{\infty}\dfrac{1}{\pi^n}$ 而言，因为 $\lim\limits_{n\to\infty}\dfrac{1}{\pi^{n+1}}\cdot\pi^n=\dfrac{1}{\pi}<1$，由比值法知该级数收敛，..6分

所以 $\sum\limits_{n=1}^{\infty}\left|(-1)^n\dfrac{1}{\pi^n}\sin\dfrac{\pi}{n}\right|$ 也收敛，从而原级数绝对收敛. 8分

六、解：$p(x)=\dfrac{1}{x}$，$q(x)=x+\dfrac{1}{x}$，所以原方程的通解为

$y=e^{-\int p(x)dx}\left[\int q(x)e^{\int p(x)dx}dx+C\right]$ 3分

$=e^{-\int\frac{1}{x}dx}\left[\int\left(x+\dfrac{1}{x}\right)e^{\int\frac{1}{x}dx}dx+C\right]=\dfrac{1}{3}x^2+1+\dfrac{C}{x}$. 6分

由 $y|_{x=1}=0$ 得 $C=-\dfrac{4}{3}$，所以方程的特解为 $y=\dfrac{1}{3}x^2+1-\dfrac{4}{3x}$. 8分

七、解：由 $r^2-6r+9=0$ 得 $r_{1,2}=3$，齐次方程的通解为 $Y=(C_1+C_2 x)e^{3x}$. 3分

又因为 $\lambda=3$ 是特征方程的二重根，故设特解 $y^*=x^2(ax+b)e^{3x}$，..5分

代入原方程得 $a=\dfrac{5}{6}$，$b=\dfrac{5}{2}$，所以 $y^*=\left(\dfrac{5}{6}x^3+\dfrac{5}{2}x^2\right)e^{3x}$. 于是原方程的通解为

$y=Y+y^*=\left(C_1+C_2 x+\dfrac{5}{6}x^3+\dfrac{5}{2}x^2\right)e^{3x}$. 8分

八、解：先求 $\sum\limits_{n=1}^{\infty}n(n+1)x^n$ 的和函数，令 $f(x)=\sum\limits_{n=1}^{\infty}n(n+1)x^n$，则 1分

$$\int_0^x f(x)\mathrm{d}x = \sum_{n=1}^{\infty}\int_0^x n(n+1)x^n \mathrm{d}x = \sum_{n=1}^{\infty} nx^{n+1} = x^2 \sum_{n=1}^{\infty} nx^{n-1}.$$

令 $g(x) = \sum_{n=1}^{\infty} nx^{n-1}$，则 $\int_0^x g(x)\mathrm{d}x = \sum_{n=1}^{\infty}\int_0^x nx^{n-1}\mathrm{d}x = \sum_{n=1}^{\infty} x^n = \frac{x}{1-x}$, ...3 分

其中 $|x|<1$，所以 $g(x) = \left(\frac{x}{1-x}\right)' = \frac{1}{(1-x)^2}$，从而 $f(x) = \frac{2x}{(1-x)^3}$. ....5 分

令 $x = \frac{1}{2}$，代入上式即为所求级数的和，即 $\sum_{n=1}^{\infty} \frac{n(n+1)}{2^n} = f\left(\frac{1}{2}\right) = 8$. ....6 分

期末试题三参考答案及评分标准

一、基本计算题 (每小题 4 分，共 24 分)

1. 解：$I = \lim\limits_{x \to 0} \dfrac{2x \cdot \cos x^2}{2x}$ ....2 分

$= 1$. ....4 分

2. 解：令 $\sqrt{2x} = t$，则 $x = \dfrac{t^2}{2}$，且有 $\mathrm{d}x = t\mathrm{d}t$，当 $x = 0$ 时 $t = 0$，当 $x = 2$ 时 $t = 2$，........2 分

$I = \int_0^2 \dfrac{t}{1+t}\mathrm{d}t = \int_0^2 1\mathrm{d}t - \int_0^2 \dfrac{1}{1+t}\mathrm{d}t = 2 - \ln(1+t)\big|_0^2 = 2 - \ln 3$. ....4 分

3. 解：$I = \int_0^{2\pi}\mathrm{d}\theta \int_0^1 \dfrac{r}{1+r^2}\mathrm{d}r$ ....2 分

$= \int_0^{2\pi} \dfrac{1}{2}\ln 2 \mathrm{d}\theta = \pi \cdot \ln 2$. ....4 分

4. 解：$\dfrac{\partial z}{\partial x} = \cos(x\cos y)\cdot \cos y, \dfrac{\partial z}{\partial y} = \cos(x\cos y)\cdot x(-\sin y)$, ...2 分

$\mathrm{d}z = \dfrac{\partial z}{\partial x}\mathrm{d}x + \dfrac{\partial z}{\partial y}\mathrm{d}y = \cos(x\cos y)\cos y\mathrm{d}x + \cos(x\cos y)\cdot x(-\sin y)\mathrm{d}y$. ....4 分

5. 解：原式为变量可分离方程，化为 $\int \dfrac{1}{1+y}\mathrm{d}y = \int \cos x \mathrm{d}x$，即

$\ln(1+y) = \sin x + \ln C = \ln Ce^{\sin x}$, ...2 分

即通解为 $1 + y = Ce^{\sin x}$. ....4 分

6. 解：$f_x(x,y) = 3x^2 + 6x - 9$，$f_y(x,y) = -3y^2 + 6y$，

解方程组 $\begin{cases} f_x(x,y) = 3x^2 + 6x - 9 = 0, \\ f_y(x,y) = -3y^2 + 6y = 0, \end{cases}$ 得 $(1,0)$, $(1,2)$, $(-3,0)$, $(-3,2)$. ....2 分

$f_{xx}(x,y) = 6x + 6 = A$，$f_{xy}(x,y) = 0 = B$，$f_{yy}(x,y) = -6y + 6 = C$.

在点 $(1,0)$ 处，$AC-B^2=72>0$，且 $A>0$，所以 $(1,0)$ 为极小值点.

在点 $(1,2)$，$(-3,0)$ 处，$AC-B^2=-72<0$，不是极值点.

在点 $(-3,2)$ 处，$AC-B^2=72>0$，且 $A<0$，所以 $(-3,2)$ 为极大值点. 4分

二、计算题 (每小题6分，共36分)

1. 解：$I=\int_0^1 x\mathrm{d}\sin x=x\sin x\Big|_0^1-\int_0^1\sin x\mathrm{d}x$ 3分

$\qquad = \sin 1+\cos 1-1$. 6分

2. 解：$a_n=n!$，$a_{n+1}=(n+1)!$，$\lim\limits_{n\to\infty}\dfrac{a_{n+1}}{a_n}=\lim\limits_{n\to\infty}\dfrac{(n+1)!}{n!}=\infty$，............3分

$R=0$，无收敛区间，只有收敛点 $x=0$. 6分

3. 解：设 $F(x,y,z)=x+2y+z-2\sqrt{xyz}=0$，

$F_y'=2-\dfrac{xz}{\sqrt{xyz}}$，$F_z'=1-\dfrac{xy}{\sqrt{xyz}}$，............3分

所以 $\dfrac{\partial z}{\partial y}=-\dfrac{F_y'}{F_z'}=-\dfrac{2\sqrt{xyz}-xz}{\sqrt{xyz}-xy}$. 6分

4. 解：$\lim\limits_{n\to\infty}u_n=\lim\limits_{n\to\infty}\cos\dfrac{\pi}{n}=1\neq 0$，............3分

所以发散. 6分

5. 解：$I=\ln 3+\ln\left(1+\dfrac{x}{3}\right)$ 3分

$\qquad =\ln 3+\sum\limits_{n=0}^{\infty}(-1)^n\dfrac{x^{n+1}}{(n+1)\cdot 3^{n+1}}$，$x\in(-3,3]$. 6分

6. 解：化简后得 $y'-\dfrac{y}{x}=x^2$，$p(x)=-\dfrac{1}{x}$，$q(x)=x^2$，............2分

所以方程的通解为 $y=\mathrm{e}^{-\int p(x)\mathrm{d}x}\left[\int q(x)\mathrm{e}^{\int p(x)\mathrm{d}x}\mathrm{d}x+C\right]$

$\qquad =\mathrm{e}^{\int\frac{1}{x}\mathrm{d}x}\left[\int(x^2)\mathrm{e}^{\int-\frac{1}{x}\mathrm{d}x}\mathrm{d}x+C\right]$ 4分

$\qquad =x\left[\int(x^2)\dfrac{1}{x}\mathrm{d}x+C\right]=x\left(\dfrac{x^2}{2}+C\right)$. 6分

三、解： 由于 $\int_x^1\cos y^4\mathrm{d}y$ 不好算，故需要交换积分次序.

$\int_0^1 x^2\mathrm{d}x\int_x^1\cos y^4\mathrm{d}y=\int_0^1\cos y^4\mathrm{d}y\int_0^y x^2\mathrm{d}x$ 3分

$\qquad =\dfrac{1}{3}\int_0^1 y^3\cos y^4\mathrm{d}y=\dfrac{1}{12}\int_0^1\cos y^4\mathrm{d}y^4=\dfrac{\sin 1}{12}$. 7分

答案与提示

四、解：$\begin{cases} y^2 = 2x, \\ y = x-4 \end{cases} \Rightarrow A(2,-2), B(8,4)$ 3分

所求面积为 $S = \int_{-2}^{4}\left[y+4-\dfrac{y^2}{2}\right]\mathrm{d}y = 18$ 7分

五、解：$u_n = \dfrac{3^n}{n \cdot 2^n}$，$\lim\limits_{n\to\infty}\dfrac{u_{n+1}}{u_n} = \lim\limits_{n\to\infty}\dfrac{3^{n+1}}{(n+1)\cdot 2^{n+1}}\cdot\dfrac{n\cdot 2^n}{3^n} = \dfrac{3}{2} > 1$，..........5分

所以由比值判别法可知原级数发散. 7分

六、解：特征方程为 $r^2 + 3r + 2 = 0$，特征根为 $r = -1, r = -2$，

对应的齐次方程的通解为 $y = C_1\mathrm{e}^{-x} + C_2\mathrm{e}^{-2x}$. 3分

因为 $\lambda = 1$ 不是特征根，故设 $y^* = (ax+b)\mathrm{e}^x$，代入解得 $a = \dfrac{1}{6}, b = -\dfrac{5}{36}$.

则 $y = C_1\mathrm{e}^{-x} + C_2\mathrm{e}^{-2x} + \left(\dfrac{1}{6}x - \dfrac{5}{36}\right)\mathrm{e}^x$. 7分

七、解：$\dfrac{\partial z}{\partial x} = f_1' \cdot y$，..........3分

$\dfrac{\partial^2 z}{\partial x \partial y} = (f_{11}'' \cdot x + f_{12}'')y + f_1'$. 8分

八、解：$R = 1$，令 $S(x) = \sum\limits_{n=1}^{\infty} nx^{n-1}$，当 $x = \pm 1$ 时，发散，则收敛域 $x \in (-1,1)$，..........2分

$\int_0^x S(t)\mathrm{d}t = \sum\limits_{n=1}^{\infty}\int_0^x nt^{n-1}\mathrm{d}t = \sum\limits_{n=1}^{\infty} x^n = \dfrac{x}{1-x}$，则 $S(x) = \left(\dfrac{x}{1-x}\right)' = \dfrac{1}{(1-x)^2}$. 4分

期末试题四参考答案及评分标准

一、基本计算题 (每题5分，共30分)

1. 解：$\lim\limits_{x\to 0}\dfrac{\int_2^{x^2}\mathrm{e}^{t^2}\mathrm{d}t}{x\sin x} = \lim\limits_{x\to 0}\dfrac{2\mathrm{e}^{x^4}x}{2x}$ 3分

　　　　　$= 1$. 5分

2. 解：令 $\sqrt{x} = t, x = t^2, \mathrm{d}x = 2t\mathrm{d}t$，..........1分

　　$\int_0^4 \mathrm{e}^{\sqrt{x}}\mathrm{d}x = 2\int_0^2 t\mathrm{e}^t\mathrm{d}t = 2\mathrm{e}^2 + 2$. 5分

3. 解：$\mathrm{d}z = \dfrac{\partial z}{\partial x}\mathrm{d}x + \dfrac{\partial z}{\partial y}\mathrm{d}y$ 2分

　　　　$= [y\mathrm{e}^{xy} + 2(x-2y)]\mathrm{d}x + [x\mathrm{e}^{xy} - 4(x-2y)]\mathrm{d}y$. 5分

答案与提示

4. 解：原式 $= \int_1^2 dx \int_x^{2x} \dfrac{y}{x} dy = \dfrac{9}{4}$. ....5 分

5. 解：原式可化为 $\dfrac{y}{1+y^2} dy = \dfrac{x}{1+x^2} dx$，..................3 分

则 $\ln(1+y^2) = \ln(1+x^2) + \ln C$，即 $y^2 = C(1+x^2) - 1$. ....5 分

6. 解：因为 $\lim\limits_{n \to \infty} \dfrac{\dfrac{n+2}{n^2(n+1)}}{\dfrac{1}{n^2}} = 1$，..................3 分

又 $\sum\limits_{n=1}^{\infty} \dfrac{1}{n^2}$ 收敛，所以原级数收敛. ....5 分

二、计算题 (每题 6 分，共 36 分)

1. 解：$\int_1^e x^2 \ln x \, dx = \dfrac{1}{3} \int_1^e \ln x \, dx^3 = \dfrac{1}{3}\left[x^3 \ln x \Big|_1^e - \int_1^e x^2 dx \right]$ ....4 分

$\qquad = \dfrac{1}{9}[2e^3 + 1]$. ....6 分

2. 解：$I = \int_0^{2\pi} d\theta \int_0^1 r^2 dr$ ....4 分

$\qquad = 2\pi \cdot \dfrac{1}{3} r^3 \Big|_0^1 = \dfrac{2\pi}{3}$. ....6 分

3. 解：$\dfrac{\partial z}{\partial x} = \dfrac{z}{xz - x}$，..................3 分

$\dfrac{\partial^2 z}{\partial x \partial y} = -\dfrac{z}{xy(z-1)^3}$. ....6 分

4. 解：$V = \int_0^1 \pi[(\sqrt{x})^2 - x^4] dx = \dfrac{3}{10}\pi$. ....6 分

5. 解：令 $y = xt$，$y' = t + x\dfrac{dt}{dx}$，$x\dfrac{dt}{dx} = t\ln t - t$，..................4 分

$\ln|\ln t - 1| = \ln C_1 x$，即 $y = xe^{Cx+1}$. ....6 分

6. 解：$f(x) = \dfrac{1}{x} = \dfrac{1}{3+x-3} = \dfrac{1}{3} \dfrac{1}{1+\dfrac{x-3}{3}}$ ....3 分

$\qquad = \sum\limits_{n=0}^{\infty} (-1)^n \dfrac{(x-3)^n}{3^{n+1}}$，$x \in (0,6)$. ....6 分

三、 解：$\dfrac{\partial w}{\partial x} = f_1' + yf_2'$，$\dfrac{\partial w}{\partial y} = f_1' + xf_2'$；..................4 分

$\dfrac{\partial^2 w}{\partial x \partial y} = f_2' + [f_{21}'' + f_{22}''x]y + f_{12}''x + f_{11}'' = f_{11}'' + (x+y)f_{12}'' + f_2' + xyf_{22}''$. ....7 分

答案与提示

四、解： $y = e^{-\int -\tan x dx}\left[\int \sec x e^{\int -\tan x dx} dx + C\right]$ ....2 分

$= \dfrac{1}{\cos x}(x + C)$, ...5 分

又 $y(0) = 0$，则 $C = 0$，所以 $y = \dfrac{x}{\cos x}$ 为特解. ....7 分

五、解： $\sum\limits_{n=1}^{\infty}\left|(-1)^n \ln \dfrac{n+1}{n}\right| = \sum\limits_{n=1}^{\infty} \ln \dfrac{n+1}{n}$ 是发散的，..................4 分

又因为 $\sum\limits_{n=1}^{\infty}(-1)^n \ln \dfrac{n+1}{n}$ 满足莱布尼茨定理的条件，所以原级数条件收敛. ....8 分

六、解： $r^2 + 3r + 2 = 0$，所以 $r_1 = -2$，$r_2 = -1$，

所以 $Y = C_1 e^{-2x} + C_2 e^{-x}$ 为对应的齐次方程的通解. ....2 分

又 $\lambda = -1$ 是特征根，设 $y^* = x(Ax + B)e^{-x}$，..................4 分

将此代入原方程，得 $A = \dfrac{3}{2}$，$B = -3$，..................6 分

所以 $y = C_1 e^{-2x} + C_2 e^{-x} + x\left(\dfrac{3}{2}x - 3\right)e^{-x}$ 为原方程通解. ....8 分

七、解： 设 $f(x) = \sum\limits_{n=1}^{\infty} n(n+1)x^n$，..................1 分

则 $\int_0^x f(x)dx = \sum\limits_{n=1}^{\infty} nx^{n+1} = x^2 \sum\limits_{n=1}^{\infty} nx^{n-1}$.

令 $g(x) = \sum\limits_{n=1}^{\infty} nx^{n-1}$，则 $\int_0^x g(x)dx = \sum\limits_{n=1}^{\infty} x^n = \dfrac{x}{1-x}$，..................2 分

于是 $g(x) = \left(\dfrac{x}{1-x}\right)' = \dfrac{1}{(1-x)^2}$.

则 $\int_0^x f(x)dx = \dfrac{x^2}{(1-x)^2}$，从而 $f(x) = \dfrac{2x}{(1-x)^3}$，$x \in (-1, 1)$. ....4 分